U0417964

图说村镇灾害与防灾避难

初建宇　刘嘉娜
王丽芸　赵士永　著

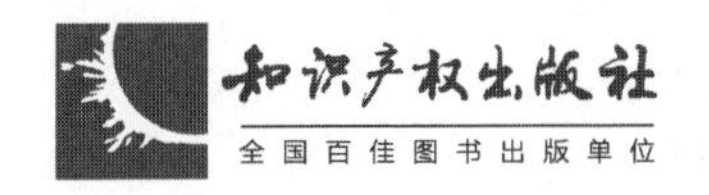

图书在版编目（CIP）数据

图说村镇灾害与防灾避难/初建宇等著．—北京：知识产权出版社，2014.2
ISBN 978-7-5130-2587-4
Ⅰ.①图…　Ⅱ.①初…　Ⅲ.①自然灾害—防灾—图解　Ⅳ.①X43-64
中国版本图书馆 CIP 数据核字（2014）第 026799 号

内容提要

本书首先介绍了我国村镇主要灾害的特点和危害，分析了灾害避难的原因和方式，总结了灾害避难的经验教训；其次，提出我国县域村镇避难场所的规划技术指标，以某县城镇为例，规划避难场所和应急道路系统；再次，建立村镇避难能力评价指标体系并给出评价方法。结合我国村镇现状，提出地震次生火灾起火、蔓延的灾害链演化模型；最后，分析唐山地震和汶川地震后的卫生防疫措施，提出灾害卫生防疫对策。

责任编辑：于晓菲　　**责任出版**：刘译文

图说村镇灾害与防灾避难

TUSHUO CUNZHEN ZAIHAI YU FANGZAI BINAN

初建宇　刘嘉娜　王丽芸　赵士永　著

出版发行：知识产权出版社有限责任公司	网　　址：http://www.ipph.cn
电　　话：010-82004826	http://www.laichushu.com
社　　址：北京市海淀区马甸南村 1 号	邮　　编：100088
责编电话：010-82000860 转 8363	责编邮箱：yuxiaofei@cnipr.com
发行电话：010-82000860 转 8101/8102	发行传真：010-82000893/82003279
印　　刷：北京中献拓方科技发展有限公司	经　　销：各大网上书店、新华书店及相关专业书店
开　　本：787mm×1092mm　1/16	印　　张：12.5
版　　次：2014 年 5 月第 1 版	印　　次：2014 年 5 月第 1 次印刷
字　　数：230 千字	定　　价：39.00 元

ISBN 978-7-5130-2587-4

前　言

我国是世界上自然灾害最严重的国家之一，广大村镇又是我国灾害最为严重的地区。灾害已经成为制约村镇可持续发展的重要因素，村镇防灾减灾能力亟待提高。《中共中央关于推进农村改革发展若干重大问题的决定》指出："我国农村自然灾害多、受灾地域广、防灾抗灾力量弱，必须切实加强农村防灾减灾能力建设"。《中华人民共和国突发事件应对法》第十九条规定"城乡规划应当符合预防、处置突发事件的需要，统筹安排应对突发事件所必需的设备和基础设施建设，合理确定应急避难场所"。村镇防灾避难场所是灾后应急疏散的重要设施，在目前难以迅速提高村镇建筑和生命线设施防灾能力的情况下，通过规划和建设防灾避难场所，可有效减轻灾害损失，较快提高广大村镇的防灾减灾能力。

村镇防灾减灾与避难场所规划均是我国近年来新兴的研究领域。本书著者在上述领域已经发表多篇学术论文，如"村镇应急避难场所规划技术指标的探讨""构建工程建设综合防灾标准体系的探讨""城市地震避难疏散场所的规划原则与要求""城市防灾公园平灾结合的规划设计理念""城市园林的抗震减灾功能""汶川地震与唐山地震卫生防疫比较研究""村镇地震次生火灾危险性分析初探""Study on Evaluation of Earthquake Evacuation Capacity in Village Based on Multi-level Grey Evaluation"等。将这些论文内容进行系统化组织，补充大量资料和图片，进一步深入研究了部分内容并修正部分观点，形成了本书。

本书从阐述村镇主要灾害入手，系统研究了防灾避难场所规划，避难能力评价和地震次生火灾风险分析等村镇防灾减灾技术。全书共分为7章：第1章分析了我国村镇主要灾害的特点和危害；第2章探讨了灾害避难的原因，归纳了避难的方式、避难场所的发展历程以及我国村镇灾害避难的经验教训；第3章提出了村镇避难场所的规划原则，避难场所的功能、类型、服务范围等技术指标以及防灾设施的配置要求，提出了应急道路分类、分级的技术指标；第4章以某县城镇为例，应用本书提出的规划指标与方法，调查与评估防灾避难资源，进行防灾空间布局，规划避难场所和应急道路系统；第5章筛选出村镇防灾避难能力影响因素并构建评价指标体系，给出基于多层次灰色理论的评价方法；第6章分析了村镇地震次生火灾的特征，提出地震次生火灾起火、蔓延的灾害链演化模型；第7章对比了汶川地震和唐山地震后的疫情形势和防疫措施，提出村镇灾害卫生防疫的对策。

苏幼坡教授给予了著者很多指导和帮助，王长忠高级工程师为本书提供了大量资料，马丹祥老师和硕士研究生陈灵利为本书做了部分工作。初稿完成后，知识产权出版社于晓菲编辑为书稿的编辑付出了心血。在此一并表示感谢！

在本书的编写过程中，引用了国内同行专家学者的研究成果并参阅了大量图片，向这些文献的著者和照片拍摄者表示由衷的感谢！

本书的出版得到“十二五”农村领域国家科技支撑计划课题“华北地区村镇住宅抗震和应急避难技术研究与示范”（编号：2013BAJ10B09-2），河北省科普展教资源开发原创与共享科普专项项目“村镇灾害与防灾避难”（编号：14K55405D）和河北省城乡统筹及一体化研究基地项目“提升村镇防灾避难能力的对策研究”的资助。

限于作者水平，书中疏漏和不足之处在所难免，欢迎各位专家和广大读者批评指正。

著者于河北联合大学建筑工程学院

河北省地震工程研究中心

2014年4月

目　录

第1章　我国村镇主要灾害

灾害是指由于自然的、人为的或人与自然的原因，对人类的生存和社会发展造成损害的各种现象。灾害是事物运动、变化、发展的一种极端的表现形式，其特点是损害人类的利益、威胁人类的生存和持续发展。

自然灾害也称为“天灾”，可分为气象灾害、地质灾害、地震灾害、海洋灾害、生态灾害等。威胁人类生存的灾害并非仅限于自然灾害，还有各种损害人类自身利益的社会现象，如火灾、爆炸、危化品事故、工程事故等。

1.1 地震灾害

地震俗称地动，是一种具有突发性的自然现象。地震是因地下岩层突然破裂，或因局部岩层坍塌、火山喷发等引起的震动，以波的形式传到地表引起地面的颠簸和摇动。据统计，地球上每天都在发生地震，一年约有500万次，其中约5万次人类可以感觉到，能造成破坏的约有1000次，7级以上的大地震平均一年有十几次。

我国地处欧亚大陆东南部，位于环太平洋地震带和欧亚地震带之间，有些地区本身就是这两个地震带的组成部分。受太平洋板块、印度洋板块和菲律宾板块的挤压作用，我国地质构造复杂，地震断裂带十分活跃，地震活动的范围广、强度大、频率高。在全球大陆地区的大地震中，有1/4至1/3发生在我国。据统计，20世纪我国发生6级以上地震650多次，其中7级及其以上98次，8级以上9次。1950年以来，中国大陆发生的7级以上地震见表1-1。

表 1-1　1950 年以来中国大陆发生的 7 级以上地震

名　称	发震时间	震　级
察隅-墨脱地震	1950 年 8 月 15 日	8. 6
当雄地震	1951 年 11 月 18 日	8. 0
当雄地震	1952 年 8 月 18 日	7. 5
山丹地震	1954 年 2 月 11 日	7. 1
邢台地震	1966 年 3 月 22 日	7. 2
渤海地震	1969 年 7 月 18 日	7. 4
通海地震	1970 年 1 月 5 日	7. 8
永善地震	1974 年 5 月 11 日	7. 1
海城地震	1975 年 2 月 4 日	7. 3
龙陵地震	1976 年 5 月 29 日	7. 3
唐山地震	1976 年 7 月 28 日	7. 8
松潘地震	1976 年 8 月 16 日	7. 2
新疆无恰地震	1985 年 8 月 23 日	7. 4
云南澜沧-耿马地震	1988 年 11 月 6 日	7. 6
云南孟连地震	1995 年 7 月 12 日	7. 3
云南丽江地震	1996 年 2 月 3 日	7. 0
新疆若羌地震	2001 年 11 月 14 日	8. 1
吉林汪清地震	2002 年 6 月 29 日	7. 2
俄、蒙、中交界地震	2003 年 9 月 27 日	7. 9
俄、蒙、中交界地震	2003 年 10 月 1 日	7. 3
四川汶川地震	2008 年 5 月 12 日	8. 0
吉林汪清地震	2009 年 6 月 29 日	7. 0
青海玉树地震	2010 年 4 月 14 日	7. 1
四川芦山地震	2013 年 4 月 20 日	7. 0

1.1.1 村镇地震灾害案例

新中国成立以来，对村镇地区造成严重破坏的地震灾害有：1966年邢台地震、1970年通海地震、1976年唐山地震、2008年汶川地震和2010年玉树地震等。

1.1.1.1 邢台地震

1966年3月8日，河北省邢台市隆尧县发生里氏6.8级的大地震，震中烈度9度。1966年3月22日，邢台专区宁晋县发生7.2级大地震，震中烈度10度。两次地震共造成8064人死亡，38451人受伤，倒塌房屋508万余间，受灾面积达23000平方千米。

图1-1　邢台地震中村镇房屋大面积倒塌

极震区地形地貌变化显著，出现大量地裂缝、滑坡、崩塌、错动、地面沉陷和喷沙冒水现象。

1.1.1.2 通海地震

1970年1月5日，云南省通海县发生7.7级大地震。此次地震，震中烈度为10度，受灾面积4500多平方千米，造成15621人死亡，32431人伤残，33.8万间房屋倒塌。地震还引起严重滑坡、山崩等灾害。

图 1-2　通海地震受灾村镇的惨状

1.1.1.3 唐山地震

1976 年 7 月 28 日，河北省唐山地区发生 7.8 级大地震，震源深度 11 千米，震中烈度 11 度。唐山地震是中国有文字记载的地震灾害中，人员伤亡最惨重的灾难之一。地震破坏范围超过 3 万平方米，北京市和天津市受到严重波及。

图 1-3　唐山地震极震区房屋几乎全部倒塌

唐山地震为典型的城市直下型地震。地震共造成 242469 人死亡，村镇人口约占 36%；在重伤的 175797 人中，村镇人口约占 51%。唐山地区各县村镇房屋倒塌 143.33 万间，约占唐山市和唐山地区全部倒塌房屋的 69%，造成震后几百万人无家可归。

图 1-4　唐山地震前和地震后的开滦总医院

震区及其周围地区，出现大量的裂缝带、喷沙冒水、井喷、崩塌、滚石、地基沉陷、岩溶洞陷落以及采空区坍塌等。

图 1-5　唐山地震造成的地裂缝

1.1.1.4 汶川地震

2008 年 5 月 12 日，四川汶川、北川发生 8.0 级大地震，震源深度 10 千米，震中烈度 11 度。此次地震为新中国成立以来波及范围最广的一次地震，除黑龙江、吉林、新疆外均有不同程度的震感。

图1-6　汶川地震震中映秀镇被夷为平地

地震造成69227人遇难（村镇人口约占65%），374643人受伤，17923人失踪；还造成了四川、重庆、甘肃、陕西等省市796.7万间房屋倒塌，2454多万间房屋损坏。北川县城、汶川县映秀镇等部分村镇被夷为平地，1500多万灾区群众需要紧急安置。

图1-7　汶川地震中成片倒塌的村镇房屋

地震引发的崩塌、滑坡、泥石流、堰塞湖等次生灾害举世罕见，交通、电力、通信等基础设施工程全面中断。

图 1–8　地震引发山体滑坡形成的堰塞湖

1.1.1.5 玉树地震

2010 年 4 月 14 日，青海省玉树县发生两次地震，最高震级 7.1 级，震源深度 14 千米，震中烈度 9 度。玉树地震波及青海省玉树藏族自治州和四川省甘孜藏族自治州的 27 个乡镇，受灾面积 35862 平方千米。

玉树地震共造成 6 个县 19 个乡镇 148 个行政村的 22.3 万人受灾，2698 人死亡，270 人失踪，12135 人受伤，21.05 万间村镇住房倒塌，震中附近的结古镇 80% 以上的房屋倒塌。

图 1–9　结古镇倒塌的房屋

由于村镇房屋和基础设施抗震性能脆弱，在多次大地震中，村镇房屋倒塌破坏程度和人口伤亡数量均远高于城市，甚至在多次中小地震中出现房倒屋塌和人员伤亡。房屋和基础设施的破坏，造成少则几万，多则几百万、上千万村镇灾民无家可归，需要疏散到预先规划的、临时指定的防灾避难场所避难。

1.1.2 地震直接灾害

地震的直接灾害是指在强烈地震发生时，地面受地震波的冲击产生的强烈运动、断层运动及地壳变形等各种破坏现象。

1.1.2.1 对地表的破坏

地震对地表的破坏是多方面的。地震发生后直接造成地面裂缝、地面塌陷、山体滑坡、河流改道、地表变形，以及喷沙、冒水、大树倾倒等危害。

（1）地面裂缝

地面裂缝是地震时最常见的现象，主要有两种类型：一是由于地下断层错动延伸至地面形成的裂缝，被称为构造地裂缝；二是在古河道、河湖岸边、陡坡等土质松软的地方产生的地表交错裂缝。地裂缝穿过道路、房屋时通常会造成破坏。

图 1-10　地震造成的地裂缝

（2）喷沙冒水

喷沙是含水层沙土液化的一种表现，即在强烈震动下，地表附近的沙土层失去了原来的黏结性，呈现了液体的状态，从地震裂缝或孔隙中喷出。

冒水是地震时岩层发生了构造变动，改变了地下水的储存和运动条件，使一些地方的地下水急剧增加，从孔隙中冒出。

图 1–11　地震造成喷沙冒水现象

（3）地面塌陷

地震造成的地面塌陷是多种多样的。地下溶洞和地下采空区，大地震时都可能被震塌，地面的土层随之下沉，造成地面塌陷。唐山地震时，天津市郊一个村庄地面塌陷 2. 6 米。

（4）山体滑坡

在陡坡、河岸等处，强烈的地震作用往往造成土体失稳，从而形成滑坡。有时会破坏道路、掩埋房屋或堵塞河流。

图 1–12　地震造成的山体滑坡

图 1-13　唐山地震和汶川地震造成的地表变形

1.1.2.2 对房屋的破坏

地震对房屋的破坏是造成人员伤亡和经济损失最直接、最重要的原因。历史震害表明，房屋破坏和倒塌造成的人员伤亡约占总伤亡人数的 95%，造成的直接经济损失占地震直接经济损失的 80% 以上。

村镇建设缺乏规划，房屋没有正规设计和施工，而且普遍使用劣质建筑材料，使村镇房屋抗震性能普遍较低，地震造成的房屋破坏情况十分严重。

图 1-14　地震中严重损坏的房屋

1.1.2.3 对基础设施的破坏

供水、供电、通信、道路等基础设施，是村镇居民维持基本生活条件的物质基础。大地震极有可能造成重灾区基础设施系统的严重破坏，即使房屋没有倒塌或严重损坏，灾区居民一般也失去基本生活条件。

图 1-15　汶川地震山体滑坡淹没了道路

道路系统在地震中严重破坏，会造成救援人员和救灾物资运不进灾区，而灾区受灾群众和伤员转移不出来的困难情况。

图 1-16　唐山地震中倒塌的桥梁

地震中，地下供水管网和水井由于地层破坏或地基土液化而发生断裂或遭到严重破坏，造成灾民饮水困难。唐山地震后，因供水系统破坏，灾民饮用坑洼中不洁净的水，造成肠炎、痢疾等传染病呈现蔓延趋势。

图 1-17 地震造成供水管道破裂

1.1.3 地震次生灾害

地震次生灾害是指在强烈地震后，以地震直接灾害为导因的一系列其他灾害。如火灾、滑坡、泥石流、水灾、毒气污染、放射性污染；沿海地区可能遭受海啸的袭击；冬天发生的地震容易引起冻灾；夏天发生的地震，由于人畜尸体来不及处理及环境条件的恶化，可引起环境污染和瘟疫流行。

1.1.3.1 地震次生火灾

地震次生火灾是指由地震直接或间接引发的火灾，是最易发生，也是最危险的地震次生灾害之一。最惨痛的教训是 1923 年的日本关东大地震，地震次生火灾烧毁房屋 44.7 万余栋，震后避难行动中地震次生火灾夺去大约 7 万人的生命，约占地震死亡与失踪人数的一半，仅一个被服厂就有 3.8 万人被烧死。我国多次地震灾害也发生过严重火灾。1739 年宁夏平罗、银川地震，“火起延烧彻夜，官弁军民马匹被焚压死者甚多”。1925 年云南大理地震，“烈焰烛天，共延烧三百余家”“火延各处，城内绣衣街一带，完全烧毁”海城地震次生火灾 60 余起，震后防震棚火灾 3142 起，烧死 424 人。

图1–18 日本关东地震次生火灾中遇难的灾民

1.1.3.2 地震次生海啸

由地震引起的海啸称为地震海啸。地震时海底地层发生断裂，部分地层出现猛烈上升或下沉，造成从海底到海面的整个水层发生剧烈“抖动”，形成地震海啸。海啸形成后，以每小时数百千米的速度向四周海域传播，一旦进入大陆架，由于海水深度急剧变浅，使波浪高度骤然增加，会对沿海地区造成灾难。

图1–19 2011年东日本地震次生海啸袭击宫古市的情景

1960 年 5 月 22 日，智利中部的太平洋沿岸发生 8.6 级强烈地震，造成海底下降，从而引起大海啸。海浪高达 25 米，卷走了沿海地区无数房屋，摧毁了码头，导致 1000 人死亡。海浪以每小时 650 千米速度横跨太平洋，经 23 小时抵达远离智利 1.5 万千米的日本，巨浪冲刷本州和北海道的太平洋沿岸，破坏了海港和码头设施。日本共有 800 人因这次海啸遇难，15 万人无家可归。2004 年 12 月 26 日，印度尼西亚苏门答腊岛附近海域发生里氏 9 级地震并引发海啸。印度洋发生特大地震海啸是几百年来最大的自然灾害，先后殃及 10 余个国家，死亡约 30 万人。2011 年 3 月 11 日，日本宫城县以东海域发生 9.0 级地震，地震引发巨大海啸，逆上到达陆地的高度超过了 38.9 米。海啸造成 15769 人死亡，4227 人失踪，83 万栋房屋被损坏，561 平方千米被海水淹没。

图 1-20　被海啸摧毁的房屋

据不完全统计，公元前 47 年至 2004 年，我国沿海共发生 29 次地震海啸，其中大约 1/3 为海啸灾害。

我国周边海域特别是我国台湾地区以及南海东南部为地震多发区，一旦发生海底地震并引发海啸，我国台湾地区、广东、福建、海南和浙江等沿海省市可能受到袭击。在可能发生海啸的滨海村镇地区，在震后可能遭受海啸袭击，需要建立海啸警报系统，规划建设海啸避难场所供居民和旅游者避难疏散。

图 1-21　2004 年印度洋地震次生海啸中被淹没的村镇

1.1.3.3 地震次生瘟疫

强烈地震发生后，灾区水源、供水系统等遭到破坏或受到污染，加上生活环境严重恶化，极易造成瘟疫流行。如 1556 年陕西省华县发生 8.0 级地震，在死亡的 83 万人中，70 余万人死于震后的瘟疫和饥荒。1976 年唐山地震正值炎热的夏季，出现过瘟疫的苗头，由于处理及时未蔓延成灾，创造了“大灾之后无大疫”的奇迹，次年春季流行传染病发病率比往年还低。

图 1-22　地震后防疫人员和志愿者在灾区消毒作业

1.2 洪水灾害

洪水是由于暴雨、融雪、融冰和风暴潮等引起河川、湖泊及海洋的水流增大或水位急剧上涨的现象。洪水是一种自然现象，对自然界的生态平衡有其特殊的作用，并非完全有害无益，但洪水超过了一定限度，给人类正常生活、生产活动带来损失与祸患时，则称为洪水灾害，简称洪灾。

我国是一个洪水灾害频发的国家。以长江为例，20 世纪发生的全流域性特大洪水就有 4 次：1931 年洪灾，有 54 个县市受灾，受淹农田 5090 万亩，受灾人口 2855 万人，被损毁房屋 180 万间，因灾死亡 14.52 万人，而且灾后瘟疫流行；1935 年洪灾，江汉平原 53 个县市受灾，受淹农田 2264 万亩，受灾人口 1003 万人，因灾死亡 14.2 万人，被损毁房屋 40.6 万间；1954 年洪灾，受淹农田 4755 万亩，受灾人口 1888 万人，因灾死亡 3.3 万人，被损毁房屋 427.6 万间；1998 年洪灾中，耕地受淹面积 4002 万亩，倒塌房屋 81.2 万间，因灾死亡 1320 人。

图 1-23　1998 年长江洪水灾害

1.2.1 洪水对房屋的破坏

洪水对房屋的破坏主要分为三种，即分洪或溃堤开始的冲击作用、淹没期间的浸泡作用和大风天气时的波浪作用。

1.2.1.1 冲击破坏

分洪或溃堤时，洪水急泻而下，会直接冲毁洪水来路上的房屋。但由于冲击作用具有作用范围小、历时短的特点，对房屋的危害虽重但殃及面较小。

《蓄滞洪区设计规范》中明确规定“严禁在指定的分洪和退洪口门附近建房”，从建筑工程规划入手，可避开危险地段，避免冲击作用对房屋造成破坏。

图1-24 房屋在洪水冲击下摇摇欲倾

1.2.1.2 浸泡破坏

在洪水淹没期间，洪水的浸泡会使砌体房屋的砌块与砂浆软化、酥松，降低或失去黏结作用，造成房屋破坏、倒塌。

图1-25 村镇房屋被洪水浸泡倾斜

1.2.1.3 波浪破坏

洪水发生后，往往有较长时间的淹没期，在此期间如果遇到大风天气，浪随风生，浸泡在洪水中的房屋就要受到波浪荷载的作用。波浪对房屋的作用主要表现为波浪的动水压力，这样在动力荷载作用下，一般房屋是难以承受的。因此，洪水淹没期间波浪作用对房屋危害极大。

1.2.2 洪水次生灾害

1.2.2.1 山体、河岸的滑坡

洪水期间，土体含水量饱和，浸湿的岩土或碎屑堆积物，在重力作用下沿一定斜面下滑，造成滑坡。洪水可引起两岸山体及河岸的滑坡。

图 1–26　洪水引发山体滑坡

1.2.2.2 洪灾引发瘟疫

洪涝灾害容易引发三类疾病：一是肠道传染病，如急性胃肠炎、伤寒、痢疾等；二是自然疫源性疾病，如流行性出血热、钩端螺旋体病、血吸虫病等；三是中暑、皮肤病以及昆虫叮咬、细菌滋生而引起的不适。

肠道传染病最常见。洪灾中，各种水源被生活垃圾、人畜粪便、动物尸体等污染，灾区群众一旦饮用了未经消毒处理的污染水，就会不可避免地引起肠道传染病。加上群众在救灾中常常是劳动强度大，身体过度疲劳，精神紧张，身体免疫力下降，抵抗肠道传染病的能力也会降低，由此可导致和加重肠道传染病的发生。

1.3 地质灾害

自然变异和人为作用都可能导致地质环境或地质体发生变化，当这种变化达到一定程度时产生的后果会给人类和社会造成危害，称为地质灾害。滑坡、崩塌、泥石流、地面沉降、地面塌陷和地裂缝等为主要的地质灾害。

我国是多山国家，山地面积约占国土面积的2/3，山区人口占全国总人口的56%。强烈的构造活动，巨大的地形高差，丰沛的降雨，密集的人口分布和人类活动的影响，使我国成为地质灾害最严重的国家之一。全国共发现较大型崩塌3000多处、滑坡2000多处、泥石流2000多处，中小规模的崩塌、滑坡、泥石流多达数十万处。全国有350多个县的上万个村镇受地质灾害的严重威胁。

1.3.1 崩塌

崩塌是指陡峻斜坡的岩石或土体在重力作用下突然脱离母体，迅速向下滚动，跌落后堆积于坡脚的现象。崩塌破坏的特点是急剧的、短促的。当其规模巨大时，称为山崩。当其发生在河流、湖泊和海岸上时，称为岸崩。

崩塌的危害主要表现在摧毁农田、房屋，破坏道路等基础设施，造成人员伤亡。

图1–27　山体崩塌现象

1.3.2 滑坡

滑坡是指岩体或土体在重力作用下沿一定的软弱结构面整体下滑的现象。滑坡和崩塌都是较陡峻斜坡失去稳定的结果。它们的不同之处是：崩塌是大块的岩石或土体全部脱离母体，可能是整体崩落，也可能是较破碎的岩石和土块分散塌落，其竖向移动量远大于横向移动量，而滑坡体的横向移动量一般大于竖向移动量；滑动的岩石或土体会大部分残留于滑床上，很少脱离母体。

滑坡是一种常见的地质灾害现象，多发生在山地的山坡，丘陵地区的斜坡、岸边、路堤或基坑等地带，对山区基础设施、房屋和居民人身安全造成严重威胁。1983 年 3 月 7 日，甘肃省临夏回族自治州东乡族自治县洒勒山发生了山体滑坡。山体的一部分从 300 多米的高处滑入河谷，造成 237 人死亡，毁坏房屋 585 间、农田 2300 多亩，2000 米的公路和供电设施遭到破坏。

图 1–28　山体滑坡破坏了道路

1.3.3 泥石流

泥石流是在山区或高原的沟谷中，由暴雨或冰雪大量融化形成急骤的水流，夹带着许多松散土石堆积物，沿着陡峻的 V 形山谷由上而下以洪流的形式倾泻于山前平原的现象。泥石流常常具有爆发突然、来势凶猛的特点，并兼有崩塌、滑坡和洪水破坏的多重作用。

2010 年 8 月 7 日晚至 8 日凌晨，甘肃省舟曲县发生强降雨引发特大山洪泥石流。泥石流堵塞河道，形成堰塞湖，回水使舟曲县城部分被淹，电力、交通、通信中断。灾害造成 1508 人死亡、257 人失踪、损毁农田 1417 亩、房屋 5508 间。

图 1–29　舟曲泥石流中被毁坏的房屋

1.3.4 地面塌陷

地面塌陷是指地表岩体或土体在自然或人为因素作用下，向下塌落，并在地面形成塌陷坑（洞）的一种地质灾害现象。

地面塌陷主要为岩溶塌陷。如果石灰岩、白云岩、石膏岩和盐岩等可溶于水的岩石长期被水和水溶液侵蚀，就会在山体内部或表面形成大小不一的洞穴、暗河和裂缝，这时在自然或人为活动的动力作用下，其上覆的岩石或土体发生破坏变形而向下陷落形成坑洞的现象统称为岩溶塌陷；还有一种地面塌陷是人类进行矿业开采后遗弃的地下巷道和空洞，因失去支撑而形成的地面塌落，称为“冒顶”。

图 1-30　地面塌陷现象

1.3.5 地面沉降

地面沉降是指在自然因素和人为因素影响下，所形成的地表大面积下沉现象。导致地面沉降的自然因素主要为地表的构造升降运动和地震、火山活动等；人为因素主要是大量开采地下水和油气资源等。

自然因素导致的地面沉降范围大、沉降速度小，就目前科技和经济水平而言，人类是无法控制的；由于人类大量抽取地下水和油气资源而导致的地面沉降范围小，但沉降的速度和幅度较大。

1.3.6 地裂缝

地裂缝是指地表岩石或土体在自然因素或人为因素作用下产生开裂，并在地面形成一定长度和宽度的裂缝现象。地裂缝可在数百平方千米范围内产生宽100-300 毫米、深 10 米以上、两侧竖向位移达 30 毫米甚至大于 200 毫米的多道裂缝。有一些地裂缝是伴随着地震、滑坡和膨胀土的收缩以及黄土的湿陷而产生的，其规模较小。大区域的地裂缝是由于地质构造蠕变活动生成的。这种地裂缝主要集中在汾渭盆地、太行山东麓平原、大别山东北麓平原地区。

图 1–31　地裂缝现象

1.4 人为灾害

人为灾害是在人类社会内部，由于人的主观因素和社会行为失调或失控而产生的危害人类自身利益的社会现象。包括火灾、爆炸、危化品事故、工程事故等。

1.4.1 火灾

凡失去控制并对财物和人身造成损害的燃烧现象都称为火灾，包括民用爆炸物品爆炸引起的火灾；易燃可燃液体、可燃气体、蒸气、粉尘以及其他化学易燃、易爆物品爆炸引起的火灾；破坏性实验中引起非实验体燃烧的事故；机电设备因内部故障导致外部明火燃烧需要组织扑灭的事故，或者引起其他物件燃烧的事故；车辆、船舶、飞机以及其他交通工具发生的燃烧事故，或者由此引起的其他物件燃烧的事故。

火灾是最经常、最普遍的威胁公众安全的主要事故灾害。1994 年 12 月 8 日，新疆克拉玛依市发生恶性火灾事故，造成 325 人死亡、132 人受伤；2000 年 12 月 25 日，河南洛阳东都商厦发生特大火灾事故，造成 309 人中毒窒息死亡、7 人受伤；2013 年 6 月 3 日，位于吉林省德惠市的吉林宝源丰禽业有限公司主厂房发生特别重大火灾爆炸事故，共造成 121 人死亡、76 人受伤，直接经济损失 1.82 亿元。

图 1-32 被大火烧毁的宝源丰禽业有限公司

1.4.2 危化品泄漏

危化品泄漏灾害是指因危险化学品，如由苯、液化气、汽油、甲醛、氨水、二氧化硫、硫化氢、农药、液氯等泄漏造成伤害的灾害。危险化学品一般具有爆炸性、易燃性、毒性、腐蚀性等。

图 1-33 高速公路危化品燃烧泄漏

1984 年 12 月 3 日，印度中央邦博帕尔市的美国联合碳化物下属联合碳化物（印度）有限公司设于贫民区附近的一所农药厂发生氰化物泄漏，引发了严重的后果。大灾难造成了 2.5 万人直接死亡、55 万人间接死亡、20 多万人永久残疾的人间惨剧。2003 年 12 月 23 日，重庆开县高桥镇发生井喷事故，富含硫化氢的气体从钻具水眼喷涌达 30 米高，失控的有毒气体（硫化氢）随空气迅速扩散。井喷事故发生后，离气井较近的开县高桥镇、麻柳乡、正坝镇和天和乡 4 个乡镇 30 个村、9.3 万余人受灾，6.5 万余人被迫疏散转移，累计门诊治疗 27011 人（次），住院治疗 2142 人（次），243 名无辜人员遇难。

图 1–34　井喷事故后居民被紧急疏散

1.4.3 爆炸

人们在生产活动中，由于不认识物质的危险特性或违反了正常生产操作，而意外地发生了突发性大量能量的释放，这种由于人为、环境或管理上的原因而发生的并造成财产损失或人身伤亡，并伴有强烈的冲击波、高温高压和地震效应的事故称为爆炸。

图 1–35　油库火灾爆炸事故

1989 年 8 月 12 日，黄岛油库发生火灾爆炸事故，大火连续燃烧了 104 个小时，造成 14 名消防战士和 5 名油库职工牺牲。整个救援中动用了 2204 名公安、消防战士，159 辆消防车，10 架飞机，19 艘舰船参加救援。2000 年 6 月 30 日，广东江门烟花厂发生爆炸，该厂 3200 平方米的建筑被夷为平地，周围 1000 米内的房屋遭受不同程度的损坏。爆炸共造成 30 多人死亡、30 多人失踪、19 人重伤。2013 年 11 月 22 日，位于山东省青岛经济技术开发区的中石化东黄输油管道发生泄漏爆炸特别重大事故，共造成 62 人遇难、136 人受伤。

图 1–36　输油管道泄漏爆炸造成严重破坏

第2章　灾害避难与避难场所

在世界灾害史上，严重灾害会造成大量无家可归者和有家难回者。如我国2008年汶川地震后1500万人需要转移安置，2010年玉树地震后20余万人需要转移安置；日本1923年关东地震后130万人避难疏散，1995年阪神地震后30余万人避难疏散，2011年东日本地震和海啸后近40万人避难疏散。避难是严重灾害时居民应对灾害的普遍行为，从危险性高的场所转移疏散到危险性低的场所避难，是灾害发生时出于人的安全需要的本能选择。

由于没有规划建设避难场所，造成众多人员伤亡的典型实例是1923年的日本关东地震。这次地震，近130万灾民避难，仅上野公园就挤满了50万人，人均占地面积只有1.25平方米。各避难场所都缺少应有的安全设施，结果严重的地震次生火灾夺去7万避难者的生命，仅一个被服厂就有近4万人被烧死。1976年唐山地震时，唐山、北京和天津等地都没有规划建设避难场所，给震后抗震救灾带来诸多困难。北京数百万人离开住宅避难疏散，仅中山公园、天坛公园和陶然亭公园就涌入17.4万人，严重干扰了当时首都城市功能的正常运转。唐山地震后，市区几十万居民几乎都成为无家可归者，公园、操场、空地、道路、建筑物废墟旁都有防震棚。由于没有规划，不仅给抗震救灾管理带来很大的困难，也存在较大的次生灾害致灾隐患。规划建设避难场所对确保灾后避难人员的安全有极其重要的作用。

2.1 灾害避难

2.1.1 避难的原因

灾害是造成避难的直接原因。无论是自然灾害，还是事故灾害，一个共同特点是造成建筑物倒塌或严重破坏，使居民无家可归；或者住宅丧失居住环境和条件以及灾后交通瘫痪，造成有家难归。而且，灾害发生后一般都会伴有次生灾害，如地震后可能次生余震、火灾、滑坡、泥石流和疫病等。避难的原因，大致可以分为以下几种。

2.1.1.1 建筑物严重破坏

在建筑物倒塌或严重破坏的重灾区，居民普遍采取避难行动。唐山大地震时，极震区（唐山市路南区、路北区）的住宅和其他建筑物几乎全部倒塌或被严重破坏，基础设施系统完全瘫痪，幸免于难的居民失去居所，没有基本生活条件和安全保障，不得已采取避难行动，在地震废墟上搭建窝棚和简易房屋。

地震、洪灾、滑坡、泥石流、海啸、风灾、火灾、爆炸等都会对建筑物造成不同程度的破坏。建筑物被破坏，居民无家可归、有家难归，失去最重要的基本生活条件，只能避难。

图 2–1　汶川地震后灾民被转移异地安置

2.1.1.2 基础设施破坏

供水、供电、通信、道路等基础设施是居民维持基本生活条件的物质基础。一旦基础设施系统遭受严重破坏，居民一般失去在住宅内的基本生活条件。而基础设施系统的恢复需要或长或短的时间，恢复之前都不同程度地影响居民生活。唐山地震和汶川地震，均造成极重灾区基础设施系统瘫痪，以供水系统为例，水井、供水管网破坏严重，造成灾民饮水困难。

图 2–2　地震中基础设施遭受严重破坏

2. 1. 1. 3 次生灾害威胁

地震次生火灾是威胁最严重的地震次生灾害。1923 年日本关东大地震发生后，地震次生火灾烧毁了东京市 43. 5% 的地域，其中浅草区高达 98. 2%、本所区 93. 5%、京桥区 88. 7%、深川区 87. 1%，住宅被烧毁或受到火灾严重威胁的家庭，也大多选择避难。

图 2–3　2011 年东日本地震和海啸次生火灾

严重灾害后，容易形成瘟病蔓延的环境与条件。供水、排污系统瘫痪，灾民暂时失去饮水卫生条件，脏水存积，夏季蚊蝇滋生，有可能爆发肠炎、痢疾等疾病。有些严重灾害造成数万，甚至几十万人死亡，如果尸体掩埋不及时、掩埋地点和方法不当，也会成为瘟疫的诱发源。据《中国灾荒史》记载，从公元1年到1937年，我国有记载的成灾瘟疫共235次。其中，陕西省华县地震死亡的83万人中，70多万人死于瘟疫。唐山地震后也发现肠炎、痢疾蔓延的苗头，在采取防疫灭病措施后，遏制了疫病的蔓延。

图2–4　卫生防疫人员在灾区开展消杀灭工作

2.1.2 避难的分期

根据《中华人民共和国突发事件应对法》等法律法规规定和突发灾害应对经验，突发灾害应对阶段可以划分为平时、临灾时期、灾时和灾后四个阶段。

灾后阶段，通常可划分为灾后应急防护处置期、紧急救灾期、应急评估处置期、应急恢复期、应急安置期和恢复重建期。

在紧急救灾期，需要全面进行人员抢救，对要害系统和重大危险源进行应急处置，全面安排灾后人员应急基本生活。以地震灾害为例，紧急救灾期通常为震后3天；应急评估处置期为灾后进行应急评估、破坏工程设施应急处置，灾后生活逐步安定的阶段。地震灾害通常为震后7–15天；应急恢复期是城乡功能逐步恢复的阶段，也是灾后生活逐步平稳有序的阶段。地震灾害通常为震后不超过 30 天；应急安置期内城乡维持基本生活功能基本恢复，恢复重建规划开始进行，无家可归人员已经或逐步开始安置。地震灾害通常为震后不超过 3 个月。

避难是因突发灾害，居民丧失居住场所、居住条件或居住环境，受灾人员从危险的场所或预想危险的场所，向安全的场所或预想安全的场所转移。

灾害避难的过程如下：灾害发生时，居民紧急疏散到室外安全处避难；居住建筑物安全情况不明或受次生灾害威胁的有家难回者，转移到避难场所短期避难；建筑物倒塌的无家可归者，建筑物评估为危险不能居住的以及受水电等基础设施未恢复影响的有家难回者，需要进行中期避难；在应急安置期内，将无家可归的避难人员安置进长期避难场所避难。

（a）紧急疏散到室外

（b）短期避难

(c) 中期避难

(d) 长期避难

图 2-5 灾害避难过程示意图

2.2 避难的方式

依据国内外多年来应对各种重大灾害的实践经验，从灾害应对阶段，有无组织避难等角度，避难方式可以归纳为灾前避难和灾后避难、自主避难和引导避难等类型。

2.2.1 灾前避难

临灾预报发布后的灾前避难，是居民躲避重大灾害将要造成的灾难。如1975 年海城地震，由于临震预报准确，震前居民离开住宅、工作场所到临时搭建的避难棚避难，使数以万计的居民幸免于难。2005 年美国卡特里娜飓风来袭之前，美国政府要求新奥尔良市百万人撤离飓风可能抵达的地区，百万避难人员驱车进行远程避难。2011 年东日本地震后，日本气象厅向茨城县、福岛县和宫城县等太平洋沿岸地区发出海啸警报，要求沿海居民尽快离开海岸，疏散到高地避难。

图 2–6　飓风来袭前等待疏散的居民

从临灾预报发布到重大灾害发生的短期内，可以充分利用灾前的时间资源，把避难人员以及部分可移动的贵重财产转移到安全地带，还可以从域内紧急调配和从域外紧急补充应对重大灾害必需的各类抗灾减灾资源，并预先实施科学配置，为灾后抗灾减灾和居民避难创造更充足的资源条件。而且，灾前避难的人员有重大灾害发生的思想准备，在一定程度上可以减轻重大灾害对市民心理造成的创伤以及减少灾后必须应对的各种社会问题。

目前，台风、洪水、海啸等能够实现灾前准确预测预报，实施灾前避难的可能性更大。从灾后避难向灾前避难发展，是避难方式的一个发展方向，也是应急防灾水准提高的重要标志。

2.2.2 灾后避难

灾后避难是严重灾害已经发生条件下的避难。从预报的角度看，灾害可以划分为可预报灾害（台风、洪水、海啸等）和难预报灾害（地震、火灾、事故灾害等）。对可预报灾害可以实施灾前避难，而对难预报灾害则主要实行灾后避难，例如严重地震灾害。灾后避难主要是避免次生灾害可能造成的损失，为避难人员营造灾后安全的基本生活条件。

图 2-7　地震后居民到室外紧急避难

2.2.3 自主避难

自主避难是居民自主的，在重大灾害刚刚发生后无组织状态下的避难行为。居民对自主避难的避难场所有两种选择，一是自觉地到灾前规划建设的指定避难场所避难，二是自行选择已建成的避难设施或临时避难设施（帐篷等）避难。

1923 年的日本关东地震，有近 130 万灾民实行自主避难。由于各避难场所都缺少应有的安全设施，结果严重的地震次生火灾夺去 7 万避难者的生命，仅一个被服厂就有近 4 万人被烧死。1976 年唐山地震时，北京数百万人离开住宅自主避难，避难秩序相当混乱。仅中山公园、天坛公园和陶然亭公园就涌入 17.4 万人。位于地震中心的唐山市市区，几十万居民几乎都成为无家可归者，公园、操场、空地、道路、建筑物废墟旁都有防震棚。这不仅给抗震救灾管理带来很大的困难，也存在较大的次生灾害致灾隐患。

图 2–8　日本关东地震后居民蜂拥避难的混乱情景

2. 2. 4 引导避难

一旦发生重大灾害，特别是像唐山地震和汶川地震等巨灾，必然骤然产生大量无家可归者和有家难归者，在较大的地域和极短的时间内，有数以十万计、百万计的人员需要避难。

满足避难需求，把避难人员安全疏散到各个避难场所，需要很高的组织能力、劝告能力与引导能力。而且，重大灾害发生后，如果抗灾救灾指挥机构和志愿者不能在极短的时间内按照避难场所的规划引导居民到指定避难场所避难，居民有可能实施自主避难。居民自主地、自觉地到预先指定的避难场所避难，实际上也是引导避难，只不过引导行为发生在重大灾害发生前的综合防灾教育中。

图 2–9　学校引导学生紧急疏散

灾前避难往往是发布避难劝告或避难指示后，有组织的避难。因为城乡尚未受灾，当地政府和城乡灾害管理部门组织机构健全，有及时组织、指挥避难的能力与可能。而灾后避难，则容易发生自主避难。重大灾害突发后，身居危险处的居民一般会快速撤离，主动寻找避难场所，而政府灾害管理部门避难疏散的指挥、组织能力的形成往往滞后于居民的自主避难。

图 2-10　村民在废墟旁搭建的避难窝棚

在各种避难形式中，提倡引导避难、灾前避难或从灾后避难向灾前避难转化，减少自主避难，杜绝逃荒现象发生。无论采用哪种避难形式，都应在灾前规划建设避难场所系统。

2.3 避难场所的发展历程

防灾避难场所（以下简称避难场所）是指定的用于因灾害产生的避难人员集中进行救援和避难生活，配置应急保障基础设施和应急辅助设施的避难场地及避难建筑。

灾害管理的实践表明，发生重大灾害事件，特别是地震、洪水、海啸以及台风等重大自然灾害，必然产生大量房屋倒塌等严重破坏，产生大量无家可归者或有家难回者，需要被安置在指定的避难场所避难。依据几千年来特别是近代人类应对各种严重灾害的实践，避难场所的发展历程经历了露宿、窝棚、帐篷、避难建筑物和简易房屋等形式。

2.3.1 露宿

露宿是重大灾害发生后，灾民在室外或野外荒郊避难。据文献记载，1917 年、1925 年云南省先后发生两次严重地震灾害。“嶍峨（今云南省峨山彝族自治县）连震五昼夜，城内外房屋罕有存者，人民全家压毙，所在皆是。而地震之后即以大雪，饥饿遗黎，庇身无宇，冻死载道者，弥望相踵”；“村中倒塌房屋中，亦救出人民数百，有老有少，甚有不着衣服之妇孺，一并集中旷地，血肉模糊，有似活地狱现象。斯时也，生者无食，死者无殓，伤者无药”；“人民露宿旷地，无衣乏食，老弱悲号，妇孺饮泣，目睹心伤，难为图状”。1920 年宁夏海原地震，“地震时值冬日，气候寒冽，灾民流离失所，衣食俱无，故不死于地震多死于冻馁”。

图 2-11　新中国成立前逃荒露宿的灾民

我国几千年有文字记载的灾害史还表明，许多重大灾害没有避难场所或者避难场所规模远不能满足灾民避难需求，灾民不得不长时间露宿街头或荒郊野外，造成大量灾民死亡。

2008 年汶川特大地震后几天内，由于缺少合理有效的避难场所，居民只能选择在街头、路边等场地避难。

图 2–12　地震后伤病员露宿路边

2. 3. 2 窝棚

史料表明，严重地震灾害发生后，灾民多以草、芦苇、帷幕等为原料，搭建简易栖身之所。虽然草垛、席棚等结构简单，避难空间狭窄，避难环境、避难条件差，难耐次生灾害的侵袭，但材料易得，搭建容易，有初步的防风雨、避日晒和居住功能。

图 2–13　1927–1928 年山东洪灾后灾民搭建的窝棚

唐山地震后的几日内，居民们利用倒塌建筑中的木材、砖石、油毡、苇席和塑料布等搭建了大量的窝棚临时居住。汶川地震后，部分村镇居民利用木材、竹竿和塑料布等建起了大量窝棚。

图 2–14 汶川地震后避难人员搭起的窝棚

2.3.3 帐篷

邢台地震和唐山地震时，除了抗震指挥机构、救灾部队和医疗机构搭建帐篷外，居民少有在帐篷内避难生活的。地震灾害后较大规模搭建救灾帐篷，始于九江地震。地震当天，国家民政部组织调运帐篷 1000 顶；地震次日，已有 6000 顶帐篷运抵九江灾区。九江地震发生后，仅瑞昌市就向灾民发放救灾帐篷 10740 顶。

图 2–15 九江地震后作为避难场所的帐篷村

救灾帐篷生产能力的大幅度增加，在避难场所的应用以及功能的不断增多，为我国重大灾害后较大规模利用帐篷避难创造了良好的物资条件。2008年我国18个省、市、自治区的75家防灾帐篷企业日产标准帐篷3.5万顶，仅汶川地震后一个月内，运抵四川灾区的帐篷就高达137.9万顶。

图2-16 汶川地震后大量利用救灾帐篷避难

图2-17 玉树地震后搭建的帐篷村

2.3.4 避难建筑

避难建筑是为避难人员提供住宿、休息和其他应急保障及使用功能的建筑。避难建筑通常包括具备较高抗灾性能的体育馆、会展中心和校舍等，这些建筑安全性较高、容量大，具备较好的基础设施，在紧急状态下容易转换成避难场所，发挥应急功效。

2008 年汶川地震发生后，大批受灾群众涌入绵阳市区寻求避难。绵阳九州体育馆这个设计容纳 6050 人的体育馆，从 2008 年 5 月 13 日至 6 月 29 日，接待避难人员约 10 万人次。2010 年江西水灾，抚州体育馆被指定为避难场所，有近千人避难。

图 2–18　居民在绵阳九洲体育馆避难的情景

图 2–19　抚州体育馆被指定为洪灾避难场所

2.3.5 简易房屋

简易房是简易的房屋建筑，与窝棚和帐篷相比，防灾功能稍高，具有更宽裕的生活空间和更长的使用寿命。

邢台地震、唐山地震等严重地震灾害后，普遍兴建简易房供灾民避难。据统计，邢台地震灾区搭建简易房的人数占被调查者的 83.6%；唐山地震后，市区普遍搭建简易房，简易房是当时灾民的主要避难场所；1975 年海城地震临震预报后，市民普遍搭建、住进简易房，大幅度减少了地震造成的人员伤亡。

图 2-20　唐山地震后居民自建的简易房

图 2-21　汶川地震后居民自建的简易房

汶川地震后，灾区兴建了几百万套过渡安置房。仅震后两个月内18个极重灾县（市、区）累计建成过渡安置房98万套，占全省总量的57.82%。18个极重灾县（市、区）过渡安置房建设进展情况见表2-1。这些安置房建筑材料具有良好的防灾和耐用性能，是值得推广的中长期避难所。

图2-22　汶川地震后大规模建设的过渡安置房

表2-1　汶川地震后18个极重灾县（市、区）安置房建设情况统计表

极重灾区	累计建成（套）	其中	
		农民自建（套）	省外援建（套）
成都都江堰	209759	131502	68677
成都彭州	98632	46462	48905
成都崇州	34961	22260	12260
德阳绵竹	85304	20354	63239
德阳什邡	57767	39663	17952
绵阳北川	33861	18207	15654
绵阳平武	36939	29951	6396
绵阳安县	78404	57328	20406
绵阳江油	98899	63221	35678

（续表）

极重灾区	累计建成（套）	其中	
		农民自建（套）	省外援建（套）
广元青川	75771	58974	16677
广元剑阁	55323	50893	4430
雅安汉源	63728	54213	9436
阿坝汶川	13577	6562	7015
阿坝茂县	21761	20920	841
阿坝理县	8307	8017	290
阿坝黑水	5100	5000	100
阿坝小金	4757	4271	486
阿坝松潘	42		42
合　计	982892	637798	328484

综上所述，露宿是最危险的避难方式，根本不具备避难生活条件。窝棚可以营造简陋的避难生活场所，但空间狭小，居住条件很差。帐篷具有防震和遮蔽风雨的功能，而且能实现分户居住，但冬冷夏热、不隔音，也不能起火做饭。避难建筑比帐篷具有更好的居住生活条件，但私密性差，难以实现分户居住，而且校舍也不宜作为长期避难场所。轻钢结构简易房不但抗震性能好，而且保温、隔热性能更好，能实现分户居住，也具备起火做饭的条件，是良好的中长期避难场所。

2.4 村镇灾害避难的实践

2.4.1 唐山地震

2.4.1.1 房屋震害情况

1976 年唐山地震 24 万余人死亡、17 万多人重伤。依据唐山地震后对地震灾区 7772 个自然村进行的实际震害调查，统计了唐山市及其所辖县（区）建筑物破坏情况，见表 2-2。

表 2–2　不同烈度下房屋倒塌率与严重破坏率统计表

烈 度	房屋密度（间/km^2）	倒塌率（%）	倒塌密度（间/km^2）	严重破坏率（%）	严重破坏密度（间/km^2）	倒塌与严重破坏率之和（%）
11	6767					98.7
10	1060	87.2	924	5.4	57.0	92.6
9	622	66.2	412	15.4	95.0	81.6
8	187	51.0	95	21.7	40.6	72.6
7	223	32.1	72	25.5	57.0	57.6

唐山地区唐山大地震震害房屋倒塌间数统计结果，见表 2–3。

表 2–3　唐山市、唐山地区地震房屋倒塌间数统计表

市、县	倒塌（间）	占倒塌总数百分比（%）	市、县	倒塌（间）	占倒塌总数百分比（%）
唐山市	880437	30.89	滦　县	295337	10.36
丰润县	264595	9.28	丰南县	227464	7.98
滦南县	194535	6.83	乐亭县	147701	5.18
玉田县	100834	3.54	迁安县	83886	2.94
遵化县	69175	2.43	唐海县	31167	1.09
迁西县	18575	0.65			

2.4.1.2 避难场地选址

唐山大地震极震区避难场所的主要形式为窝棚（少量帐篷）和简易房。

震后短期内，几十万市民成为无家可归者，公园、操场、空地以及道路、建筑物废墟旁，搭建了大量窝棚。窝棚的居住条件十分简陋，难以御寒越冬。震后 10 天，抗震救灾指挥部提出“发动群众，依靠群众，自力更生，就地取材，因陋就简，逐步完善”建设简易房的原则，并要求简易房具有防震、防雨、防风、防火、防寒等功能。

图 2–23　唐山地震后在破坏的房屋旁搭起的避难窝棚

由于没有规划，这些“见缝插针”搭建的避难场所不仅给抗震救灾管理带来很大的困难，也存在较大的次生灾害致灾潜势。有些搭建在地震断裂带、岩溶塌陷区、采煤采空地之上或附近；有些被废墟包围，没有消防和应急通道；有些没有防火隔离带等。

2.4.1.3 医疗救援情况

唐山大地震不仅造成24万余人死亡，而且使唐山市、唐山地区70多万人受伤，其中16万余人重伤。唐山地震中，市区的医护人员伤亡惨重，医院等医疗机构的房屋倒塌或严重破坏，大多失去医疗功能，药品和医疗器械砸毁或埋压在废墟中，难以立即发挥医疗作用。又因为灾区人民的生活条件与生存环境极为恶劣，给医疗救援带来很大的难度。

为了有组织地进行伤员的救援工作，唐山市、唐山地区及其所属各县分别建立了医疗救援组织。中央抗震救灾指挥部指挥人民解放军和各省、市、自治区以及国家机关，派出多支医疗队进入唐山开展医疗救援工作。据统计，先后有283个医疗队共近2万名医务人员携带大量医药和医疗设备来唐。医疗队个数与医务人员数如表2–4所示。

表 2–4　支援唐山灾区的医疗队和医护人员数量

地区或单位	医疗队（个）	医护人员（人）
解放军	125	5400
上海市	53	2003

（续表）

地区或单位	医疗队（个）	医护人员（人）
辽宁省	17	3252
山东省	14	871
河北省	13	3509
陕西省	12	746
黑龙江省	11	310
江苏省	11	992
吉林省	8	614
河南省	6	733
铁路系统	6	390
北京市	2	214
天津市	2	67
湖北省	2	636
卫生部	1	30
合计	283	19767

（1）临时医疗点

震后专业卫生人员和农村的“赤脚医生”，有组织地和自发地在街道旁或废墟上设临时医疗点，紧急救援伤员。

图 2–24　震后设置的临时医疗点

（2）应急医院

唐山地区有些市、县的医疗机构震害较轻，立即成为救助伤员的应急医院，紧急救治伤员。地震的当天，部分伤员被送往丰润县、玉田县、遵化县、迁西县和秦皇岛市的医院或卫生所医治。震后支援唐山的283支医疗队，进入各县区迅速开展了医疗救援工作。

（3）重伤员转运

震后的第四天（1976年7月31日），中央抗震救灾指挥部决定，唐山灾区向外省转运重伤员。伤员的转运主要通过空运和铁路运输。在整个空运过程中，共动用飞机474架次，运送重伤员20734名。在迅速修复遭受震害的铁路后，开通卫生专列转运伤员，共运行卫生专列159列，运送重伤员72800多人。

在重伤员外运过程中，空运、铁路与公路外运的重伤员共有10万多人，运往全国近百个城市。运往外地治疗是伤员脱离地震灾区到医疗与生活条件好的非灾区医疗机构救治的有效途径。

图2-25　卫生专列转运重伤员

2.4.2 汶川地震

2.4.2.1 避难场地选址

2008年四川汶川发生里氏8.0级特大地震，最大烈度达11度。这是新中国成立以来破坏性最强、波及范围最广、救灾难度最大的一次地震，也是人类进入工业化以来，发生在高山河谷及沿山地带破坏十分严重的一次地震灾害。地震造成 69227 人遇难、17923 人失踪、37.5 万人受伤，1500 多万灾区群众需要避难疏散。

汶川地震后，有关文献以德阳、绵阳、雅安三地居民和八个乡镇的干部作为调查对象，归纳了灾区村镇居民避难的特征。

地震后紧急避难疏散时，到临近空地避难的居民占多数，其次是到广场和街道避难。据此可知，地震后紧急避难疏散时，人们通常选择离家较近且空旷的场地。

图 2-26　居民紧急疏散到室外空地避难

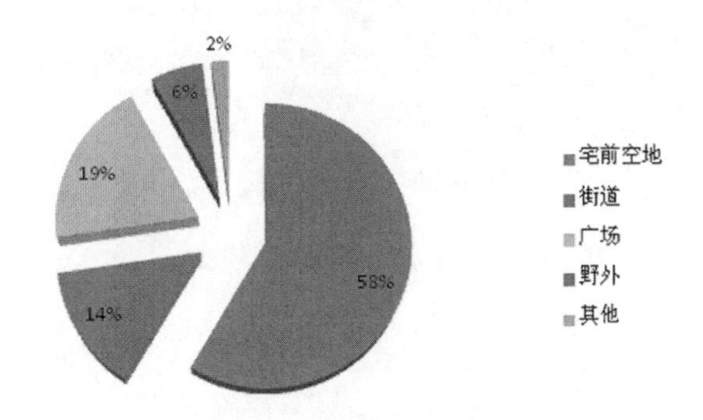

图 2-27　紧急避难场地的选择

地震发生后的最初几天，避难场地的选择较为多样，其中以学校操场最多，其次是野外、街道和宅前空地。学校由于有较大的开阔场地且设施相对完善，在震后避难疏散方面发挥了重要作用；而野外设施不足但能容纳较多人数，而且受周围建筑倒塌的影响较小，因而也被选为避难地点。但选择宅前空地的居民数明显下降，这说明宅前空地通常只被用作紧急疏散场地。

图 2–28　地震当晚居民在体育场避难

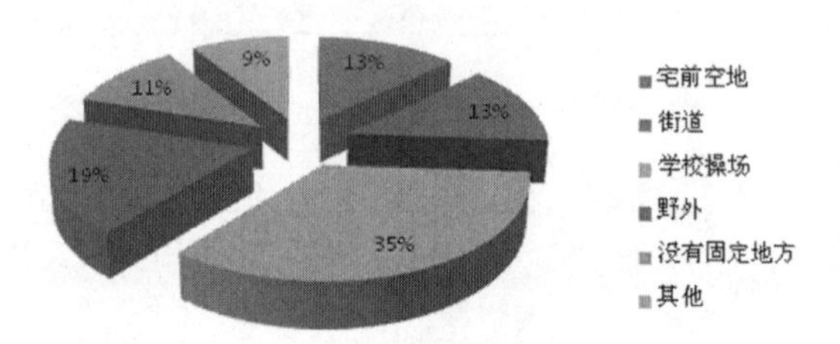

图 2–29　地震后几天内避难场地的选择

在中长期避难场地的选择上，学校操场占 37%、野外占 19%、街道占 13%、宅前空地占 12%、没有地方占 10%、其他占 9%。这与地震发生后短期避难场地的选择相近。

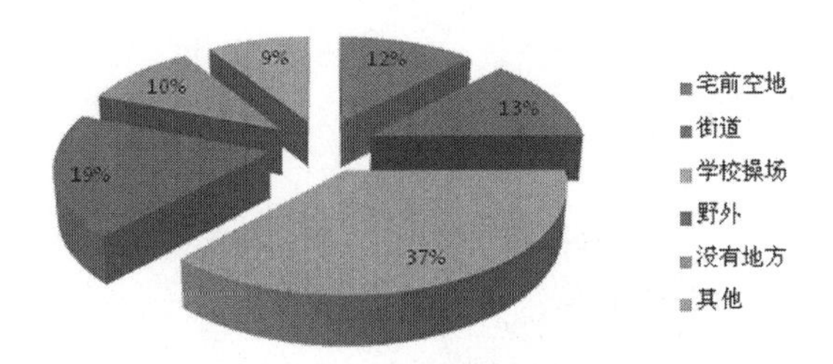

图 2-30　中长期避难场地的选择

调查结果显示，居民在避难场地的选择上，具有以下几个特征：

（1）靠近自家居所，以便就近待援和处理家务等事宜（如街道、宅前空地等）；

（2）地势空旷，有安全感（如野外等）；

（3）环境熟悉，有归属感，居民间相互认识同时可相互照应（如学校操场、街道、宅前空地等）；

（4）有人管理，相关设施尚可，治安良好（如学校、操场、街道、宅前空地等）。

图 2-31　村镇居民在靠近住宅的地方搭建避难窝棚

2.4.2.2 避难场所的使用

汶川地震发生后，紧急指定了多个避难场所。以绵阳市为例，在市区紧急开辟了 4 个避难场所进行集中安置。仅 5 月 13 日，绵阳九洲体育馆就接纳了来自北川等地的受灾群众近3万人。最多时有近5万人在此避难，人均避难面积仅0.5平方米，相当拥挤。

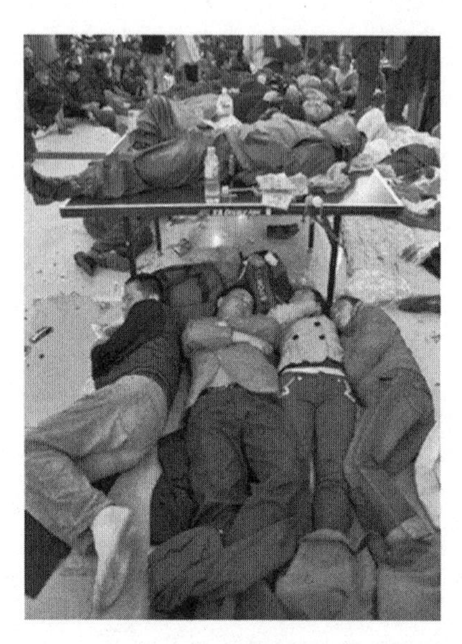

图2-32 临时开放的避难场所的拥挤状况

由于避难场所容量严重不足，大量避难人员只能在街道两侧、河岸边、小区空地、广场等处搭设彩条布简易窝棚，且非常密集、无序。

图2-33 居民随意在道路上搭建的窝棚

2.4.2.3 医疗救援情况

汶川地震后，灾区共有 430 余万名伤病员需要救治，其中 37 万余人（含 1 万多名重伤员）需要在灾后 72 小时的黄金救治期内实施紧急救治。

因重灾区医疗机构多处于瘫痪状态，加上灾区居住环境差，饮食卫生无法保障，昼夜温差大等严重危害灾民的身心健康。

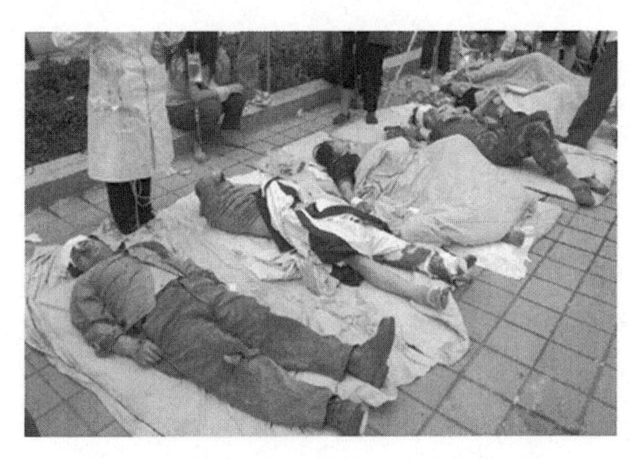

图 2–34　伤员在露天地点接受医疗救助的情况

大地震发生后，国务院抗震救灾总指挥部成立了卫生防疫指挥组，由卫生部牵头，国家发展改革委员会、国家质量检验检疫总局、国家食品药品监督管理局、解放军总后勤部卫生部、武警部队后勤部、农业部等 8 个部委，负责灾区医疗救援和卫生防疫工作。

共调集医疗救援力量总数近 10 万人，包括四川当地医疗卫生人员以及从全国 32 个省（区、市）调派的 10630 名医疗防疫等专业人员，调集救护、防疫和监督车辆 1648 台；紧急调拨血液 244.57 万毫升、代血浆 3 万袋（500 毫升/袋）、消杀灭药品 2869 吨、疫苗 214.7 万人份，食品和水质快速检测设备 3.3 万台（套）。同时，来自国际的救援力量共 350 余人，分别由俄罗斯、日本、意大利、德国、古巴、英国、法国、美国、巴基斯坦以及印度尼西亚的 10 支国外医疗队组成。

图 2–35　救援部队设立的应急医院

医疗救援采取“集中伤员、集中专家、集中资源、集中救治”的工作方式，明确重症伤员集中收治在四川大学华西医院、成都军区总医院和四川省人民医院，组建了战略医疗支援力量最集中的灾区后方专科治疗基地。

制订了地震灾区伤员的接收和后送计划，伤员的医疗后送采用了就近后送、越级后送、军地兼容、跨省后送等多种方式，分 3 个层次进行。第一层次是将急救现场的伤员就近后送到军队责任区医疗体系、军队后方医院和地方后方医院；第二层次是进一步检伤分类及分流伤员，将留在重灾区的伤员继续向非重灾区军地后方医院运送；第三层次是全国范围内的跨省后送。

图 2–36　震后紧急调用了大量救护车转运伤员

汶川地震后共转出伤员 10015 人，包括 21 次专列（转运 5053 人）、91 架包机（转运 3495 人）和 10000 余次救护车（转运 1467 人）。这些伤员分别被 20 个省的 39 个城市的共 375 家医院接收。

汶川地震应急医疗救援的成功，彰显了我国应急管理和卫生应急能力建设的成效。但也存在组织指挥管理分散，防疫物资储备不足与配送混乱，缺少常备性的应急医疗救援队伍，缺乏应急医疗救援装备，没有规划建设应急医疗场所等问题。

2.4.2.4 应急物资储备与供应

汶川地震前应急物资储备不足，造成震后最初的几天灾区缺乏饮用水、食品、帐篷、衣被等应急物资。震后，国家紧急组织，从中央救灾物资储备库向灾区调运大批救灾帐篷和棉衣、棉被；启动紧急采购程序，面向社会采购灾区急需的帐篷、衣被等生活物品；组织募捐采购方便面、饼干、饮用水等受灾群众急需的食品。

据民政部统计，截至 2008 年 7 月 24 日，共向灾区调运帐篷 157.97 万顶、彩条布 3910.76 万平方米、篷布 646.6 万平方米、棉衣被 1896 万件（床）及大量食品和饮用水等生活物资。

图 2-37　部队向灾区空投食品和医疗器械

2.4.3 玉树地震

2010年4月14日，我国青海省玉树发生里氏7.1级的大地震，这是继汶川大地震后又一次破坏力巨大的地震灾害。地震共造成6个县19个乡镇148个行政村的22.3万人受灾，因灾死亡2698人、失踪270人、受伤12135人，村镇倒塌房屋21.05万间，震中附近的结古镇80%以上的房屋倒塌。

玉树地震后，采取集中安置与分散相结合的办法安排避难人员，共安置6.8万户22.3万人。据民政部门统计，截至4月25日，已经发放帐篷59093顶、棉被207959套、棉衣117027件、食品及饮用水1670吨。震后第10天，基本保证避难人员有饭吃，有干净饮水，有帐篷住宿。

玉树震后当天启动伤员转运工作，主要采取飞机转送至四川、甘肃、陕西3个相邻省份，实现地空方式的"无缝对接"。共救治伤病员1.1万名，转移3109名重伤员到外地接受治疗。

图2-38　玉树地震后在废墟上搭建的避难帐篷

玉树地震在避难人员的安置、伤员的转运、卫生防疫和救灾物资调运等方面较汶川地震有了很大的提高。原因是人们对地震有了更多的认识，大多数人具备了避难疏散的基本常识。而且，各级政府和军地的应急救援工作更加迅速、协调和高效。但是，缺乏避难场所在很大程度上造成了灾区震后最初几天的混乱和无序，对灾后伤员的及时救治和避难人员的安置造成了一定的影响。

如几万无家可归的灾民使本来就显狭小的结古镇更显拥挤，有的帐篷约有 20 平方米，最多的时候里面住过 20 个人。有的灾民一时难以找到合适的避难场所，只能临时在山坡上避难。

2.4.4 村镇避难实践存在的问题

总结村镇灾害避难的实践，发现有如下共性的问题：

（1）自主避难人员多，引导避难人员少

自主避难是居民自主的、自愿的，在严重灾害刚刚发生后无组织状态下的避难行为。如汶川地震后居民自行选择道路、建筑物旁绿地临时避难。这不仅使救援通道变得狭窄，而且避难地点未经安全诊断，可能存在较大的安全隐患。

（2）灾前没有规划建设避难场所

唐山地震、汶川地震和玉树地震灾后的避难实践表明，由于没有规划建设避难场所，致使没有足够的避难场地安置受灾群众，紧急指定的避难场所人满为患，远不能满足避难需求。

图 2–39　地震后无处可去的居民滞留在室外

（3）没有合理规划应急道路

在发生地震后，远程避难和应急救援要求有通畅的应急道路，但大地震后，避难道路的阻塞不同程度地影响了灾民避难和应急救援。如汶川地震发生后，道路基本处于瘫痪状态，这就造成救援队进不去，受灾群众出不来的困难情况。

图 2-40　地震后通往汶川的道路被山体滑坡阻断

（4）避难生活存在的问题

因缺乏应急物资储备，在震后最初几天，帐篷、被褥、食品、药品和饮用水缺乏，给灾民的避难生活造成了困难。临时指定的避难场所内无功能分区、人员混杂，缺乏必要的供水、供电、排污以及垃圾储运等设施，也给避难人员的生活及救灾工作带来了诸多不便。

（5）避难场所的设备问题

部分被紧急指定的避难场所空间太大，安装空调是不可能的事；白天太热，室内难以生活；只用应急灯光线太暗、有危险，用水银灯太热；晚上应急灯过亮，难以入眠。

2.5 避难场所的功能

避难场所的功能划分为应急管理、应急住宿、应急交通、应急供水、应急医疗卫生、应急消防、应急物资储备、应急供电、应急通信、应急排污、应急垃圾储运、应急通风和公共服务等。其中，应急管理、应急住宿、应急医疗卫生、应急交通、应急供水、应急住宿配套的应急通风及其应急供电是保障避难人员生命安全和基本生存的应急功能。

2.5.1 应急住宿

灾害管理的实践表明，发生重大灾害事件，特别是地震、洪水、海啸以及台风等重大自然灾害，必然产生大量房屋倒塌和严重破坏，产生大量无家可归者或有家难回者，需要被安置在指定的避难场所避难。避难场所需要为避难人员提供避难生活空间，并确保避难人员的基本生活条件。

图 2–41　避难场所为避难人员提供生活保障

避难场所应急住宿区必须具备可搭设棚宿设施的开阔空间或避难建筑，并具备满足避难人员基本生活需要的开水间、医疗卫生室、公共卫生间、盥洗室、办公室等应急公共服务设施。住宿功能是避难场所最重要的应急功能。

图 2–42　避难帐篷及配套的生活用品

2.5.2 应急医疗卫生

灾害发生后，灾区医院遭受不同程度的破坏，甚至失去救护和卫生防疫功能，域外医院和卫生防疫机构远水解不了近渴。避难场所内设应急医疗点或应急医院，救护危重伤员。条件基本成熟后，将危重伤员转移到灾区域内、外的医院治疗。

图 2–43　汶川地震后设置的应急医疗点

除设有应急医院的大型避难场所外，其他避难场所发挥医疗救助功能的时间比较短，只是危重伤员的暂时收容、中转地。避难场所的救助功能与域内、外医院的救援功能相互转化。

图 2–44　汶川地震后由国外援建的应急医院

2.5.3 应急交通

应急道路是避难场所的重要组成部分，通过应急道路把避难者安全地引导到避难场所，并为避难者日常生活以及有效地开展救援与消防活动创造便利的交通条件。

应急道路应满足规划的宽度，确保灾时避难者安全顺畅地通行。既有建筑用作避难场所而道路宽度不满足规划要求时，应加宽。道路两侧没有灾时容易倒塌的建筑，没有落物落下。远离高压电线以及危险品生产工厂和仓库。

图 2–45　唐山地震后临时加固的桥梁

2.5.4 应急供水

严重灾害造成给水系统中断供水时，避难场所应保障避难人员基本饮用水和医疗用水的供给。灾后灾害管理部门调集给水车紧急为避难者供水或者调集大量矿泉水、纯净水等分发到各个避难场所。也可以利用避难场所附近的河水、湖水和公园水景设施用水作为避难生活用水。

图 2–46　震后为避难场所供应的瓶装水

图 2–47　利用水质快速检测设备测井水水质

2.5.5 应急供电

应急供电系统在灾后避难疏散和救援中发挥巨大的作用，如果没有应急供电系统，一切依靠电力运行的设备将失去功效，避难场所也没有夜间照明，给灾民的避难行动和避难生活带来不便。应急供电包括市政应急供电、移动式发电机组等。

第3章　村镇避难场所规划技术指标

2008年汶川特大地震及2010年青海玉树地震，暴露了村镇地区巨大的灾害损失与村镇布局不合理、农村建筑质量差等突出问题，同时也与村镇缺乏防灾规划、在避难场所的建设方面严重滞后有很大关系。随着我国城乡一体化进程的整体推进，广大村镇地区的安全问题需要引起高度重视，在难以迅速提高村镇建筑和生命线设施防灾能力的情况下，通过合理规划和建设避难场所，妥善安置受到灾害威胁或危害的村镇居民，可加强农村防灾减灾能力。

我国在城市避难场所的规划研究与实践方面已经取得较大进展，但村镇避难场所的规划研究较少。与城市相比，村镇基础设施的综合防灾能力普遍较弱，造成应急避难和救援的难度更大，而且村镇的规模要比城市小。因此，不能照搬城市避难场所的规划技术指标和方法，需根据村镇的特点，研究村镇避难场所的规划问题。

3.1 规划原则

根据近年来我国村镇防灾规划中避难疏散规划的经验和做法，以综合防灾理论为指导，提出村镇避难场所的规划原则。

3.1.1 “平灾结合”原则

村镇避难场所主要利用学校、体育场、绿地、广场、卫生院、政府机构和空地等开阔空间和抗灾能力较高的建筑工程。平时用于教育、体育、公务、休闲以及生活、生产活动，由所有权人或委托的管理者使用，主管部门加强疏散场所及相关设施的建设维护的监督管理，灾时能及时、有效地转换成村镇避难场所。

平灾功能的转换是双向的。严重灾害发生后，避难场所供居民避难疏散，平时功能转换成灾时功能。随着居民避难生活的推移，避难所内的避难人数逐步减少，灾时功能相应减弱直至场所关闭，灾时功能转换成平时功能。

图 3-1　平时为体育场，灾时转换成避难场所

按照“平灾结合”原则，避难场所除需要满足避难功能要求外，还需要充分考虑场所平时状态下的使用功能。通过应急设施的设置与平时设施的共享，合理、有效、节约利用资源，做到平时功能和灾后功能的共容。

3.1.2 综合防灾原则

按避难应对的灾种，避难场所可分为地震避难场所、防风避难场所、防洪避难场所等，应对多灾种的可统称为综合避难场所。由于应对大多数灾种的避难场所具有相同的灾时功能，能够通用，因此村镇避难场所应考虑针对地震、洪水、海啸、火灾、地质灾害和事故灾害中两种以上灾害的综合防御。

图 3-2　综合防灾的避难场所

依据避难场所所在地区的历史灾害记录和资料，以及灾害性气候、地质等数据，分析确定该地区的主要灾害种类，选择一种主导灾种规划建设村镇避难场所，并在此基础上补充、完善，提高对各个灾种的适用性。例如，某沿海村镇可能发生严重地震灾害、海啸灾害，可以先规划建设地震避难场所，并在可能遭受海啸袭击的滨海地带补充专用海啸避难场所，构成应对地震、海啸等多种灾害的村镇避难场所系统。

3. 1. 3 就近避难原则

避难者包括住宅破坏无家可归或归家困难的村镇居民及村镇流动人口。居民就近避难，自家住宅和避难场所的距离近，避难时程短，安全性高，且熟悉周围环境；避难者多为邻里乡亲，有亲近感，也有利于照看自家住宅的财产和处理与灾害相关的事宜。

有些严重灾害传播速度极快或发生时间极短，来势迅猛，在极短的时间内产生极大的破坏力，要求在最短的时间内到最近的避难场所避难。如海啸预警发出后，海啸威胁区的人群（包括旅游者）应当背向海啸来袭的方向，迅速疏散到最近的海啸避难所或高地避难。稍有迟疑或避难行动时程稍长，有可能带来惨重的后果。

依据就近避难原则，村镇避难场所合理分布在灾害威胁地域，方便居民就近避难疏散。

图 3–3 避难场所方便居民就近避难

3.1.4 选址安全原则

避难的主要目的是在灾害发生时减少、消除危险性，把灾害风险控制在最小的范围内，确保避难人员安全。如果避难场所本身存在较大的安全隐患，就失去了其实用价值，同时也不能实现避难。安全性是规划建设避难场所的核心问题。

3.1.4.1 避开危险源

(1) 避开地震断裂带和地质灾害易发区

地震、滑坡、崩塌、泥石流、土壤液化和地面塌陷等是避难场所主要的地质灾害。为避免避难场所受到地震、地质灾害的波及而失效，避难场所选址应避开可能发生滑坡、崩塌、地陷、地裂、泥石流及地震断裂带上可能发生地表错位的部位等危险位置。

图 3–4　汶川地震造成的山体滑坡

图 3–5　玉树地震断裂带对地表的破坏

（2）场址高于淹水水位

如果灾后避难场所被洪水淹没或海啸袭击，其避难疏散的效用不但丧失，而且可能造成避难人员的伤亡。避难场所应避开行洪区、指定的分洪口附近、洪水期间进洪或退洪主流区及山洪威胁区。为避免避难场所被洪水（河流决堤、水库决坝）或海啸淹没，避难场所应高于淹水水位。

图 3–6 避难场所高于洪水淹水水位

（3）远离危险源

有毒气体、易燃易爆物或核放射物、高压输电线路等设施如果临近避难场所，将影响避难场所的安全性。避难场所距次生灾害危险源的距离应满足国家现行重大危险源和防火的有关标准要求。

图 3–7 避难场所应远离危险源

3.1.4.2 **规模安全**

避难场所的规模是安全评价与安全控制的重要内容。有效避难面积是避难场所内用于避难人员安全避难的避难住宿区及其配套应急设施的面积，是衡量避难场所规模最关键的指标。有效避难面积的大小决定避难场所的类型和功能，适宜的人均有效面积不仅可以给避难者提供更大的生活空间和良好的卫生防疫条件，也便于安全疏散和管理，特别是当避难场所发生次生灾害、避难人员需要紧急撤离时有更高的安全性。

图 3–8　大型公园具有良好的规模安全性

3.1.4.3 应急道路安全

合理规划应急道路的宽度、人流密度，防止人流拥堵，确保应急道路安全。道路两侧的建筑设施具有耐火性能，在有可能发生火灾的路段设消防通道、消防栓，必要时道路两侧设防火安全带。

图 3–9　道路中断影响避难疏散和应急救援

规划建设网状结构的村镇街道，形成多个迂回线路或留有冗余线路，使各个避难场所之间合理衔接，形成完整安全的应急道路系统。各个避难场所有合理的进出口数量和方便居民进入的入口形态、周边形态。

3.1.4.4 场所抗灾能力强

避难场所具有较强的抗灾能力。用作避难所的建筑设施不倒塌、不严重破坏、不发生严重次生灾害，生命线系统不瘫痪，上述建筑设施即使遭受破坏也能在较短时间内恢复。

图 3-10　本应该成为避难场所的学校在地震中倒塌

火灾是大地震的严重次生灾害。规划建设村镇避难场所需充分考虑消防设施与防火措施。村镇的消防能力和消防道路满足灾时的消防需求，避难场所两侧或周围设置防火安全带，避难场所内设消防设施，建立严格的防火规章制度。避难场所设安全撤退道路，一旦发生火灾，避难人群能够快速逃生。

3.1.5 应急保障原则

避难场所的功能主要是为避难者提供基本生活条件和安全保障。具体的避难功能包括应急管理、应急住宿、应急医疗卫生、应急交通、应急供水等。充分、全面地发挥、利用这些功能，是提高避难行动、避难生活质量与安全的基本保障。

图 3–11　避难场所的应急保障功能

“平灾结合”原则、综合防灾原则、就近避难原则、选址安全原则以及应急保障原则，明确了规划建设村镇避难场所的关键性要求。上述五原则是评价村镇避难场所的重要指标。满足这些原则的因素越多、越重要，避难场所的满足度越高。如果满足度很低，则不能用作避难场所。

3. 2 类型与功能

县域是以县级行政区划为地理空间，区域界线明确，是我国防灾管理的基本单元。

3. 2. 1 类型划分依据

3. 2. 1. 1 县域行政管理体系

汶川、玉树地震救灾的经验说明：面对突然袭来的灾害，地方政府统一指挥、高效运转、科学救灾，才能最快速度、最大限度地整合运用好地方救灾资源，赢得抗击巨灾的胜利；基层组织快速响应、迅速反应、就地组织群众疏散互救，才能大大提升救灾应对的效率和效益。

按照我国村镇行政组织体系，村镇避难场所的等级划分需要从县域考虑，依托基层组织体系中镇、乡、村三个行政单位，进行规划。其中，镇分为建制镇（按照《镇规划标准》将建制镇又分为中心镇和一般镇）、集镇（《村庄和集镇规划建设管理条例》规定乡、民族乡人民政府所在地和经县级人民政府确认由集市发展而成的作为农村一定区域经济、文化和生活服务中心的非建制镇）；村按照《镇规划标准》分为中心村（设有兼为周围村服务的公共设施的村）和一般村（中心村以外的村）。

3.2.1.2 类型划分的依据

（1）《地震应急避难场所　场址及配套设施》

国家标准《地震应急避难场所　场址及配套设施》（GB 21734—2008）按照设施配置和避难时间将地震应急避难场所分为Ⅰ类地震应急避难场所：具备综合设施配置，可安置受助人员30天以上；Ⅱ类地震应急避难场所：具备一般设施配置，可安置受助人员10~30天；Ⅲ类地震应急避难场所：具备基本设施配置，可安置受助人员10天以内。以上场址有效面积宜大于2000平方米，人均居住面积应大于1.5平方米。

（2）《城市抗震防灾规划标准》

国家标准《城市抗震防灾规划标准》（GB 50413—2007）根据避难场所的规模、功能和作用，将地震避难疏散场所分为以下三类。

紧急避震疏散场所：城市内的小公园、小花园、小广场、专业绿地、高层建筑中的避难层（间）。主要功能是供其附近的避难者临时就近避难，也是避难者集合并转移到固定避震疏散场所的过渡性空间。避难道路和紧急避震疏散场所主要用于避难行动。

固定避震疏散场所：面积较大、可以容纳较多避难者的公园、广场、体育场馆、大型人防工程、停车场、空地、绿化隔离带以及抗灾能力强的公共设施、防灾据点等。避难者较长时间度过避难生活和进行集中性救援的重要场所。固定避震疏散场所主要用于居民的避难生活。

中心避震疏散场所：规模大、功能全、起避难中心作用的固定避震疏散场所。城市的中心避震疏散场所，一般设抗灾救灾指挥机构、情报设施、抢险救灾部队营地、直升飞机坪、医疗抢救中心和重伤员转运站等。大城市避难人口多的辖区，也可设立辖区的中心避震疏散场所，用作本区的抗灾救灾指挥中心。其功能具有比较高的综合性，在抗灾减灾中作用大于一般的固定避震疏散场所。

（3）《镇规划标准》

国家标准《镇规划标准》（GB 90188—2007）要求镇区每一疏散场地的面积不宜小于 4000 平方米，主要疏散场地应具备临时供电、供水设施并符合卫生要求。

（4）我国台湾地区避难场所分类

我国台湾地区学者提出三种不同层级的避难场所。

紧急避难场所是地震灾害发生后 3–20 分钟所紧急避难的临时场所。可以利用邻里公园、广场、学校、道路、停车场、体育场、车站、寺庙、空地、活动中心、机关等开放空间。

临时避难场所及临时收容场所是地震灾害发生后 10 分钟到 3 小时紧急避难的临时场所。依场所区位和范围的不同，具备情报收集场所、临时医疗场所、临时观哨站和紧急救援中心等功能。可以利用邻近公园、都市广场、学校、体育场、活动中心、机关、大型医院等开放空间。

中长期收容场所是地震灾害发生后作为长期性收容搭建组合屋的场所。依场所区位和范围的不同，具备医疗救护场所、集散物资转运站、安置居民活动中心、防救指挥中心等救援功能。可以利用全市性公园、大型开放广场等大型开放空间。

图 3–12　我国台湾集集地震后搭建的中长期收容所

（5）日本防灾公园分类

日本将防灾公园定义为：由于地震灾害引发市区发生火灾等次生灾害时，为了保护国民的生命财产、强化大城市地域等城市的防灾构造而建设的起广域防灾据点、避难场地和避难道路作用的城市公园和缓冲绿地。防灾公园依据其规模和功能主要划分为以下三种类型。

具有广域防灾据点功能的城市公园，在发生大地震和次生火灾后，主要用作广域的恢复、重建活动据点的城市公园。

图 3-13　日本的广域防灾公园

具有广域避难场地功能的城市公园，在发生大地震和次生火灾后，用作广域避难场地的城市公园。

具有紧急避难场地功能的城市公园，在大地震和火灾等灾害发生时，用做临时避难的城市公园。

3.2.2 类型和功能

根据我国村镇空间结构特征和人口统计数据，按照行政组织体系，村镇避难场所的类型划分需要从县域考虑，按照功能级别、避难规模和开放时间分为中心避难场所、固定避难场所、紧急避难场所三个层次，如图 3-14 所示。避难场所的开放时间见表 3-1。

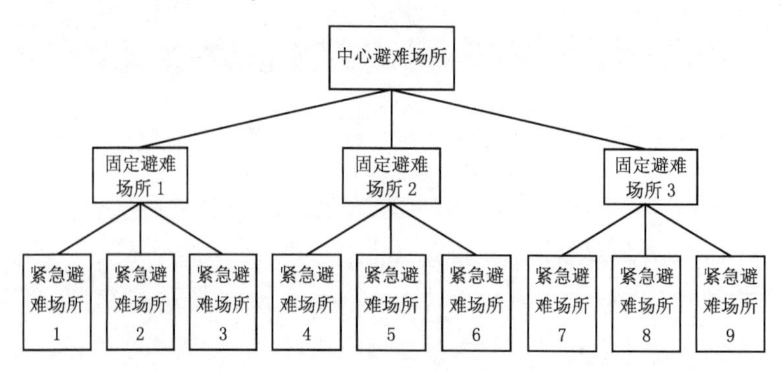

图 3-14　县域村镇避难场所系统示意图

表 3–1　村镇避难场所的最长开放时间

适用场所	紧急避难场所	固定避难场所		中心避难场所
开放时间（d）	15	30	100	100

3. 2. 2. 1 紧急避难场所

紧急避难场所是为邻近居民提供紧急避难疏散的场所，也是避难人员转移到固定避难场所之前避难的过渡性场所，具备短期住宿功能，避难时间一般不超过 15 天。

镇内社区和中心村应设置紧急避难场所，基层村宜设置紧急避难场所。紧急避难场所可选择绿地、广场、院落、住宅旁边的农田等开阔空间。

图 3–15　绿地型紧急避难场所

3. 2. 2. 2 固定避难场所

固定避难场所是供责任区受助人员中长期避难和进行集中性救助的综合性场所，应具备医疗急救、卫生防疫、物资分配和中长期住宿等功能。固定避难场所分为中期固定避难场所和长期固定避难场所，中期固定避难场所用于短期和中期安置避难人员，以地震灾害为例，避难时间一般不超过 30 天；长期固定避难场所用于短期、中期和长期安置避难人员，以地震灾害为例，开放时间不超过 100 天。

固定避难场所通常设置在中心镇、一般镇或集镇内，规模较大的村也可考虑设置。固定避难场所可以利用面积较大的绿地、广场、学校、体育场、卫生院、村镇政府机构和空地等改建而成。

图 3-16 学校和医院型固定避难场所

3.2.2.3 *中心避难场所*

中心避难场所在严重地震、洪水、台风与飓风等灾害前（后）启用，为全县或所辖区域抗灾救灾、接受外部援助和伤员转运的主要场所，具备应急指挥、医疗救治、抢险救援、物资集散、伤员转运和为责任区避难人员提供住宿等功能。中心避难场所一般在灾后恢复重建开始时关闭，以地震灾害为例，开放时间为震后100天内。

一个县通常在县城镇设置一个中心避难场所，面积较大的县可以在其他中心镇设副中心避难场所。中心避难场所可以依托体育场馆、医院、大型公园等规划建设。

在村镇避难场所体系中，中心避难场所等级最高，具备服务全县的应急功能。固定避难场所等级低于中心避难场所，具备服务各个乡、镇的应急功能。紧急避难场所等级最低，服务于中心村、镇内社区或基层村。以人口约50万、面积约1000平方千米的县为例，可设一个中心避难场所作为全县的应急救援中心，主要用作应急救援队伍营地、医疗救援中心、重伤员转运中心和物资集散地，同时也可为责任区避难人员提供住宿场所；每个乡、镇可设一个或几个（如人口 3 万人以上的大型和特大型镇区）固定避难场所作为各个乡镇的应急救助中心，除为辖区内居民提供住宿场所外，还提供医疗急救、卫生防疫和物资分配等服务；每个中心村或镇内社区设置紧急避难场所，为邻近居民提供紧急疏散和短期住宿服务。

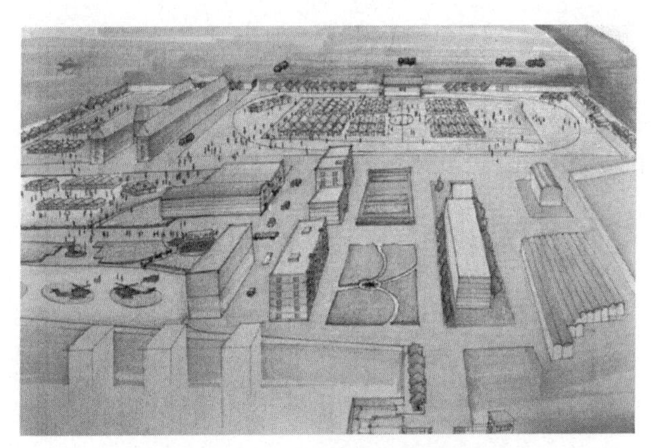

图 3-17　中心避难场所功能示意图

3.3 规模和服务范围

村镇避难场所的功能和服务对象决定场所的性质、规模和设施配置。功能越全，服务对象范围越广，场所规模越大，所需防灾设施越全。

3.3.1 制定依据

3.3.1.1 我国村镇人口规模统计

根据统计资料，2007 年年末全国有 1635 个县，根据对其中 1617 个县、13 个特殊区域以及 141 个新疆生产建设兵团师团部驻地统计，县城人口 1.16 亿，暂住人口 0.1 亿。

全国共有建制镇 19249 个，乡 15120 个。据对 16711 个建制镇、14168 个乡、672 个农场、264.7 万个自然村（其中村民委员会所在地 57.16 万个）统计，村镇户籍总人口 9.3 亿，其中建制镇建成区 1.311 亿人，占村镇总人口的14.1%；乡建成区0.336亿人，占村镇总人口的3.6%；农场建成区人口0.027亿人，占村镇总人口的0.3%；村庄7.626亿人，占村镇总人口的82%。

至2007年年末，全国县城建成区面积1.4万平方千米，建制镇建成区面积2.84万平方千米，平均每个建制镇建成区占地170公顷，人口密度5459人/平方千米；乡建成区0.76万平方千米，平均每个乡建成区占地54公顷，人口密度4768人/平方千米。

3.3.1.2 **我国相关标准的要求**

（1）《镇规划标准》

《镇规划标准》（GB 50188—2007）规定：避震疏散场地应根据疏散人口的数量规划，规划场地应与广场、绿地等综合考虑，并应符合下列规定：应避开次生灾害严重的地段，并应具备明显的标志和良好的交通条件；镇区每一疏散场地的面积不宜小于4000平方米；疏散人群至疏散场地的距离不宜大于500米。

（2）《地震应急避难场所　场址及配套设施》

《地震应急避难场所　场址及配套设施》（GB 21734—2008）按照设施配置和避难时间将地震应急避难场所分为三类：Ⅲ类地震应急避难场所可安置受助人员10天以内；Ⅱ类地震应急避难场所可安置受助人员10-30天；Ⅰ类地震应急避难场所可安置受助人员30天以上。

避难场所场址可选择公园（不包括动物园和公园内的文物古迹保护区域）、绿地、广场、体育场，以及室内公共的场、馆、所等地。应急避难场所应有方向不同的两条以上与外界相通的疏散道路。

场址有效面积宜大于2000平方米，人均居住面积应大于1.5平方米。

（3）《城市抗震防灾规划标准》

《城市抗震防灾规划标准》（GB 50413—2007）中要求避震疏散场所每位避难人员的平均有效避难面积应符合：紧急避震疏散场所人均有效避难面积不小于1平方米，固定避震疏散场所人均有效避难面积不小于2平方米。

避震疏散场地的规模：紧急避震疏散场地的用地不宜小于0.1公顷，固定避震疏散场地不宜小于1公顷，中心避震疏散场地不宜小于50公顷。

紧急避震疏散场所的服务半径宜为 500 米，步行大约 10 分钟之内可以到达；固定避震疏散场所的服务半径宜为 2–3 千米，步行大约 1 小时可以到达。

（4）《村镇规划标准》

《村镇规划标准》GB 50188—1993 要求：位于蓄滞洪区内的村镇根据防洪规划需要，修建围村捻、保庄圩、安全庄台、避水台等就地避洪安全设施时，其位置应避开分洪口主流顶冲和深水区，其安全超高宜符合表 3–2 的规定。

表 3–2　就地避洪安全设施的安全超高表

安全设施	安置人口（人）	安全超高（m）
围村捻（保庄圩）	地位重要、防护面大、人口≥10000 的密集区	>2.0
	≥10000	2.0～1.5
	1000～10000	1.5～1.0
安全庄台、避水台	<1000	1.0
	≥1000	1.5～1.0
	<1000	1.0～0.5

注：安全超高是指在蓄滞洪时的最高洪水以上避洪安全设施需要增加的富余高度。

表 3–3　我国抗震避难场所规划技术指标汇总表

<table>
<tr><th>标准名称</th><th>避难场所类型</th><th>规模（hm^2）</th><th>有效面积（m^2/人）</th><th>服务半径（m）</th><th>道路宽度（m）</th></tr>
<tr><td rowspan="3">城市抗震防灾规划标准</td><td>中心避震疏散场所</td><td>≥50</td><td rowspan="2">≥2</td><td rowspan="2">2000～3000</td><td>≥15</td></tr>
<tr><td>固定避震疏散场所</td><td>≥1</td><td>≥7</td></tr>
<tr><td>紧急避震疏散场所</td><td>≥0.1</td><td>≥1</td><td>500</td><td>≥4</td></tr>
</table>

（续表）

标准名称	避难场所类型	规模（hm^2）	有效面积（m^2/人）	服务半径（m）	道路宽度（m）
地震应急避难场所、场址及配套设施	Ⅰ类地震应急避难场所	有效面积>0.2	居住面积>1.5		
	Ⅱ类地震应急避难场所				
	Ⅲ类地震应急避难场所				
镇规划标准	避震疏散场地	≥0.4	≥3	≤500	

3.3.1.3 **我国台湾地区的相关指标要求**

我国台湾地区是地震、台风、洪涝、海啸等多种自然灾害的多发区。近年来，特别是1999年集集地震以后，一些研究机构探讨了城市防灾疏散场地的规划建设问题，提出了城市避难场所的一些技术指标，见表3-4。

表3-4　台湾避难场所规划技术指标

避难场所类型	场所有效规模（hm^2）	有效面积（m^2/人）	服务半径（m）	道路宽度（m）
中长期收容场所	≥5	≥3	≤2000	≥15
临时避难场所及临时收容场所	≥1	≥2	350～800	≥12
紧急避难场所	≥50人	≥1	270～350	≥5

3.3.1.4 **国外的相关指标要求**

（1）日本防灾公园

日本防灾公园的规划技术指标，如表3-5所示。

表 3-5　日本防灾公园的规划技术指标

<table>
<tr><th>避难场所类型</th><th>场所规模
（hm^2）</th><th>有效面积
（m^2/人）</th><th>道路宽度
（m）</th></tr>
<tr><td>中心防灾公园</td><td>≥50</td><td>≥2</td><td rowspan="3">>10</td></tr>
<tr><td>固定防灾公园</td><td>≥10</td><td rowspan="2">1～2</td></tr>
<tr><td>紧急防灾公园</td><td>≥1</td></tr>
</table>

（2）美国避难场所

美国 FEMA 361 等以防风避难场所为研究对象，提出了避难场所的人均面积指标，如表 3-6 所示。

表 3-6　美国避难所规划技术指标

标准名称	人均有效面积（m^2/人）	服务半径
FEMA 361 ARC 4496	1.86（几小时至几天）； 3.72（一天至几星期）	步行 5 分钟

3.3.2 规模和服务范围

3.3.2.1 中心避难场所

中心避难场所规划在县城镇，利用政府机构、体育场馆、医院、大型公园等或其连片场所规划建设。总有效避难面积 5 公顷以上，住宿区人均有效避难面积不宜小于 4.5 平方米（考虑长期避难人员放置携带的少量生活物品，有睡眠和出入的空间）。

图 3-18　在汶川地震后发挥中心避难场所作用的九洲体育馆

中心避难场所应避开次生灾害严重的地段，并应具备明显的标志和良好的交通条件，应有4个以上进出口，便于人员与车辆进出。

3.3.2.2 固定避难场所

县城镇以外的中心镇、一般镇或集镇至少设置一个有效避难面积0.2公顷以上的场地用作固定避难场所，规模较大的中心村也可以设置固定避难场所。可以利用乡镇政府机构、面积较大的绿地、广场、学校、体育场和卫生院等公共设施及附属开阔空间。

村镇中期固定避难场所的有效避难面积应在0.2公顷以上，考虑中短期避难人员放置少量生活物品的需要，有睡眠和出入的空间，规划人均有效避难面积不小于3平方米。长期固定避难场所的有效避难面积在1公顷以上，人均有效避难面积与中心避难场所相同，不小于4.5平方米。长期固定避难场所服务半径5000米，中期固定避难场所服务半径3000米。

3.3.2.3 紧急避难场所

可以利用绿地、广场、院落、住宅旁边的农田等开阔空间规划建设村镇紧急避难场所。紧急避难场所应避开次生灾害严重的地段。

图3-19　芦山地震后救援官兵为搭建紧急避难场所平整场地

建议的村镇避难场所规模和服务范围等规划技术指标，见表3-7。

表 3–7　村镇避难场所规划技术指标

类　型	有效面积（hm^2）	人均有效避难面积（m^2/人）	服务半径（m）	出入口（个）	连通道路宽度（m）
中心避难场所	≥5.0	≥4.5	—	≥4	有效宽度≥7
长期固定避难场所	≥1.0	≥4.5	5000	≥2	有效宽度≥4
中期固定避难场所	≥0.2	≥3.0	3000	≥2	有效宽度≥4
紧急避难场所	不限	—	1000	—	—

3.4 应急设施配置

应急设施是避难场所配置的，用于保障抢险救援和避难人员生活的工程设施，包括应急保障基础设施和应急辅助设施。其中，应急保障基础设施为灾害发生前，避难场所必须设置的，能保障应急救援和抢险避难的应急供电、供水、交通、通信等基础设施；应急辅助设施为避难单元配置的，用于保障应急基础设施和避难单元运行的配套工程设施，以及满足避难人员基本生活需要的公共卫生间、盥洗室、医疗室、办公室、值班室、会议室、开水间等应急公共服务设施。

3.4.1 相关标准的规定

3.4.1.1《地震应急避难场所场址及配套设施》

《地震应急避难场　所场址及配套设施》（GB 21734—2008）按照设施配置和避难时间将地震应急避难场所分为三类：

Ⅲ类地震应急避难场所：为保障避难人员基本生活需求，而设置的配套基本设施。包括救灾帐篷、简易活动房屋、医疗救护和卫生防疫设施、应急供水设施、应急供电设施、应急排污设施、应急厕所、应急垃圾储运设施、应急通道、应急标志等。

Ⅱ类地震应急避难场所：在基本设施的基础上增设的配套一般设施。包括应急消防设施、应急物资储备设施、应急指挥管理设施等。

Ⅰ类地震应急避难场所：在已有的基本设施、一般设施的基础上，应增设的配套设施。包括应急停车场、应急停机坪、应急洗浴设施、应急通风设施、应急功能介绍设施等。避难场所应有方向不同的两条以上与外界相通的疏散道路。

3.4.1.2《城市抗震防灾规划标准》

《城市抗震防灾规划标准》（GB 50413—2007）提出避震疏散场所应具有畅通的周边交通环境和配套设施。避震疏散场所的配套设施根据需要，可以包括通信设施、能源与照明设施、生活用水储备设施、临时厕所、垃圾存放设施、储备仓库等。

紧急避震疏散场所可提供临时用水、照明设施以及临时厕所；固定避震疏散场所通常设置避震疏散人员的栖身场所、生活必需品与药品储备库、消防设施、应急通信设施与广播设施、临时发电与照明设备、医疗设施。

3.4.1.3《镇规划标准》

《镇规划标准》（GB 50188—2007）规定主要疏散场地应具备临时供电、供水并符合卫生要求。

3.4.1.4 我国台湾地区相关标准

紧急避难场所配置消防供水，可满足避难居民基本需求以及对避难场所防火维护的需要。

临时避难场所及临时收容场所为满足居民基本生活的需求，发挥救援功能，配置临时水电、卫生及盥洗设施、消防用水、广播设备、临时发电设备、接受灾区外救援信息、夜间照明等设施。

中长期收容场所除具备临时避难场所及临时收容场所的功能外，还具备物资运送与联络、医疗救援中心等功能。配置临时水电、卫生及盥洗设施，广播设备，临时发电设备，接受灾区外救援资讯设施，安置之组合屋或货柜屋、基础维生系统等。

3.4.1.5 日本防灾公园

固定（含中心）防灾公园配置供水设施，包括应急储水槽、应急水井、公园水景设施（水池、水流）、散水设施（防火树林带、避难广场、公园入口处)，满足避难人员饮水、生活用水、冲厕所用水和消防用水的需要。

此外，固定（含中心）防灾公园还配置情报设施、应急广播设施、应急通信设施、避难标示设施、应急照明设施、应急电源设施和储备仓库。其中，储备的物资包括救助救援物资（消防器材与电源、照明设施，家用消防器材，医疗器材与电源，防疫与卫生器材)、避难临时生活用品（防灾设施器材，避难帐篷，炊具，医疗、卫生用品，衣服、毛巾等，防寒、防水用品，饮用水，食品)。

表 3–8　国内外避难场所规划指标对比

名　称	类　型	防灾设施
城市抗震防灾规划标准	中心避震疏散场所	住宿、生活必需品与药品储备库、消防、应急通信与广播、临时发电与照明、医疗
	固定避震疏散场所	
	紧急避震疏散场所	临时供水、照明、临时厕所
地震应急避难场所、场址及配套设施	Ⅰ类地震应急避难场所	在Ⅱ类基础上增加应急停车场、应急停机坪、应急洗浴、应急通风、应急功能介绍
	Ⅱ类地震应急避难场所	在Ⅲ类基础上增加应急消防、应急物资储备、应急指挥管理
	Ⅲ类地震应急避难场所	住宿、医疗救护和卫生防疫、应急供水、应急供电、应急排污、应急厕所、应急垃圾储运、应急通道、应急标志
镇规划标准	避震疏散场地	临时供电、供水
我国台湾地区避难场所	中长期收容场所	临时水电、卫生及盥洗设施、消防用水、广播设备、临时发电设备
	临时避难场所及临时收容所	临时水电、卫生及盥洗设施、消防用水、广播设备、临时发电设备、夜间照明
	紧急避难场所	消防用水

（续表）

名　称	类　型	防灾设施
日本防灾公园	中心防灾公园	应急贮水槽、应急水井、公园水景设施、散水设施、情报设施、应急广播、应急通信、避难标识、应急照明、应急电源、储备仓库、管理机构
	固定防灾公园	
	紧急防灾公园	
美国 FEMA 361 ARC 4496		应急供电、应急照明、食物和水、应急厕所、应急消防、急救包、收音机、应急通信

3.4.2 应急设施配置要求

紧急避难场所配置避难人员住宿、医疗室、药品储备、应急供水、应急供电、应急厕所、公用电话、疏散通道、应急标识等基本设施。

图 3-20　36 平方米救灾帐篷

图 3-21　药品储备库

图 3-22　救灾厕所帐篷

图 3-23　应急标识

图 3-24　应急储水罐

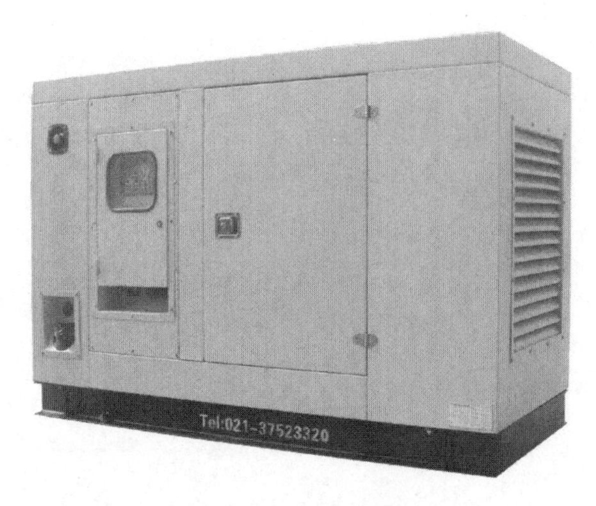

图 3–25　应急发电机

固定避难场所在满足紧急避难场所配套设施的基础上，增加医疗急救与卫生防疫、生活用品和食品、应急消防、应急洗浴、应急排污、应急垃圾储运、机动车停车场、应急广播、应急通信等综合设施。

图 3–26　医疗急救与卫生防疫点

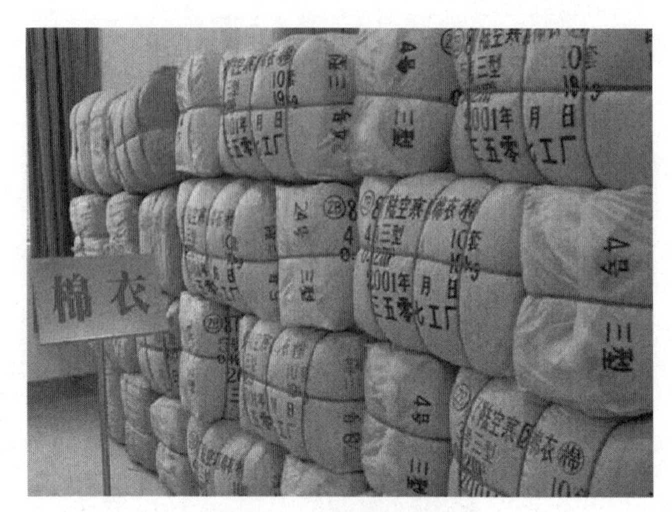

图 3-27 储存的生活用品

中心避难场所在满足固定避难场所配套设施的基础上，增加抢险救援队和志愿者住宿区、应急指挥中心、直升机停机坪、场所管理办公室、医疗救援和防疫中心及重伤员转运站等救援设施。

图 3-28 汶川地震救援中救援人员露宿路边

图 3–29　芦山地震后启用的临时直升机停机坪

图 3–30　芦山地震后依托医院设立的医疗救援中心

表 3–9　村镇避难场所防灾设施配置

设施类型	设施项目	场所类别		
		紧急避难场所	固定避难场所	中心避难场所
应急住宿设施	避难人员住宿	可设	应设	可设
	抢险救援队和志愿者住宿	不设	可设	应设
应急医疗设施	医疗救援及防疫中心	不设	不设	应设
	医疗急救与卫生防疫	可设	应设	不设
	医疗室	应设	不设	不设

（续表）

设施类型	设施项目	场所类别		
		紧急避难场所	固定避难场所	中心避难场所
应急物资储备设施	生活用品	可设	应设	应设
	食品	可设	应设	应设
	药品	应设	应设	应设
应急保障基础设施	应急供水	应设	应设	应设
	应急供电	应设	应设	应设
	应急排污	可设	应设	应设
	应急通信	可设	应设	应设
	应急疏散通道	应设	应设	应设
	机动车停车场	可设	应设	应设
	直升机停机坪	不设	可设	应设
应急辅助设施	应急消防	可设	应设	应设
	应急厕所	应设	应设	应设
	应急洗浴	可设	应设	可设
	应急垃圾储运	可设	应设	应设
	公用电话	应设	应设	应设
应急指挥管理设施	应急指挥	不设	不设	应设
	场所管理办公室	不设	可设	应设
	应急广播	可设	应设	应设
	应急标志	应设	应设	应设

3.5 应急道路规划

应急道路为应对突发灾害，进行应急救援和抢险避难、保障灾后应急救援活动的道路工程设施。

3.5.1 规划原则

（1）村镇应急道路系统规划需结合铁路和船舶运输系统等进行。充分考虑村镇应急道路与村镇内各居住区、避难场所、消防站和医院等防灾救灾设施的有效衔接。

（2）村镇应急道路系统需要与村镇当前道路建设成为相互贯通的网络系统，即使部分道路堵塞，也可以通过迂回线路到达目的地，不影响居民避难疏散和抢险救援工作的展开。

（3）注重加强应急交通的布局结构和道路节点的灾时可靠性和应变能力。保障灾时应急交通功能基本不中断或灾后能迅速恢复。

图 3–31　汶川地震中救援道路因桥梁被破坏而中断

3.5.2 分类和分级

3.5.2.1 避难场所外部应急道路

按照村镇防灾空间网络的布局要求，村镇避难场所外部道路划分为三级。

（1）救灾干路：是整个县域进行抗灾救灾对内、对外交通连接的主干路，以县城镇对外交通主干路或干路为主要救灾干路。

图 3-32　玉树地震后外部救援力量运输救灾人员和物资

（2）疏散干路：连接中心避难场所、固定避难场所、医疗机构和消防站等的村镇主干路和干路构成疏散干路。疏散干路与救灾干路一起形成网络状连接。

（3）疏散支路：镇居民区或村庄与避难场所和应急设施的连接道路。

图 3-33　连接舟山市普陀区避难场所的道路

3.5.2.2 避难场所内部通道

村镇避难场所内部通道是供救援车辆、避难人员通行的道路。需要根据避难场所的规模、功能要求确定场所内道路的分级和布局。

（1）主通道：连接避难场所主要出入口和避难单元的道路，除考虑避难人员通行外，还需考虑消防、救护、运输等通行要求。

图 3–34 北京元大都城垣遗址公园内部通道

（2）次通道：避难场所内连接各应急设施，以及避难单元内供避难人员通行的道路。

3.5.3 规划技术指标和要求

3.5.3.1 出入口数量

（1）村镇出入口

出入口应保证灾时外部救援和抗灾救灾的要求，建立多个方向的村镇出入口。对人口较多的镇出入口不宜少于 4 个，集镇和村的出入口不少于 2 个。

（2）避难场所出入口

村镇避难场所的主要出入口的位置宜在不同方向分散设置，与灾害条件下避难场所周边和内部应急交通及人员的走向、流量相适应，并根据避难人数、救灾活动的需要设置集散广场或缓冲区。中心避难场所和长期固定避难场所应至少设4个不同方向的出入口，中短期固定避难场所和紧急避难场所应至少设置2个不同方向的出入口。

图 3-35　北京元大都城垣遗址公园的一个出入口

表 3-10　村镇避难场所出入口数量设置要求

场所类型	出入口数量（个）
中心避难场所 长期固定避难场所	≥4
中期固定避难场所	≥2
紧急避难场所	≥2

3.5.3.2 避难场所外部应急道路

应急道路宜保障救灾和疏散活动的安全畅通。应急道路有效宽度为扣除道路两侧建筑物倒塌后瓦砾、废墟影响的宽度。

救灾干路需保证两侧建筑物倒塌堆积后道路的有效宽度不小于7米；疏散干路需保证两侧建筑物倒塌堆积后道路的有效宽度不小于4米；疏散支路需保证两侧建筑物倒塌堆积后道路的有效宽度不小于4米。

图 3–36　道路两侧房屋在地震中倒塌影响道路畅通

表 3–11　村镇避难场所外部应急道路技术指标

应急道路级别	道路有效宽度（m）
救灾干路	≥7
疏散干路	≥4
疏散支路	≥4

图 3–37　舟曲泥石流期间通过应急道路转移师生

3.5.3.3 避难场所内部通道

避难场所内部主、次通道除考虑避难人员通行外，还需考虑消防、救护、运输等车辆通行要求。

表 3-12 村镇避难场所内部通道的有效宽度

通道类型	通道有效宽度（m）
主通道	≥4
次通道	≥2

图 3-38 玉树地震后救援车辆开进避难场所进行医疗救治

3.6 管理要求

3.6.1 组织需求

避难疏散从时间和功能上，可以划分为避难行动和避难生活两个主要阶段。避难行动是避难路途上的避难行为；而避难生活则是灾民在避难所内进行的各种避难活动，是避难行动的延续和归宿。无论是避难行动还是避难生活，都需要保障避难安全的组织管理措施。

3.6.1.1 避难行动的安全需求

避难行动是从避难起点到达避难场所的过程。就近避难的灾民，避难行动所需时间比较短，路途也不长。远程避难疏散，路途的远近、耗费时间的长短，随灾害的种类、灾情严重程度等有关。

日本关东大地震次生火灾夺去大约7万名避难者的生命。日本阪神大地震时，死亡的6000多人中约1.5%死于道路上。严重灾害发生后，参与避难行动的灾民人数多，分布地域广，避难行动时间短。避难行动发生在抗灾救灾指挥机构尚未恢复或尚未完全恢复、灾后社会秩序混乱之时，又和紧急抢险救灾同时进行。这些特点决定了组织管理避难行动的必要性和重要性。

图3-39　日本关东大地震避难人员蜂拥避难的混乱景象

3.6.1.2 避难生活的安全需求

严重灾害发生后，居民通过避难道路陆续到达避难场所，开始避难生活。避难生活包括避难者在避难空间设施内的衣、食、住、行、医等生活状况。对近年来重大灾害的研究表明，灾后居民在用餐、洗浴、便溺、住宿、信息情报、卫生状态、个人隐私、医疗、垃圾处理、乳幼儿育儿、室内换气、照明、噪声、生活用品、老年人监护等诸多方面存在各种各样的问题。

避难生活的初期，衣、食、住对每个避难者都极为重要，医疗对伤病员特别是重伤员显得格外重要。制定避难场所的管理要求，可以有效地缩短避难生活时间，改善避难生活质量，促进村镇社会经济可持续发展。

图3-40　汶川地震一处临时医疗救助点

3.6.2 管理要求

3.6.2.1 组织管理

在抗灾救灾指挥机构中，应当设立避难行动和避难生活的分支机构，负责居民避难事宜。该机构应分级设置，形成县、镇（乡）、村（社区）分级指挥管理的防灾避难组织系统。

避难场所应成立管理委员会，由政府主管人员、志愿者和居民自救组织代表等组成。中心避难场所和长期固定避难场所宜由县级政府组织成立管理委员会管理，设置避难疏散引导、应急物资管理、应急卫生防疫、治安管理、应急交通管理、信息情报管理和应急设施维护等职能机构；中期固定避难场所宜由镇（乡）级政府组织成立管理委员会管理，设置避难疏散引导、应急卫生防疫和治安管理等组织机构。

管理委员会的主要职责包括：灾前，负责编制场所管理指南，按照指南实施培训，招募志愿者，编制避难者名录，制定避难场所的规章制度，开展防灾宣传、教育和演习活动等；灾后，处理防灾避难的相关事务。

3.6.2.2 平时管理

（1）建立避难场所数据库

避难场所数据库内容包括：

· 各避难场所具体位置、收容人数与避难人员密度、避难疏散路线和服务范围；

· 避难场所间的交通联系；

· 抗灾救灾指挥部、医疗抢救中心、抢险救灾物资库之间以及它们与火车站、河海码头、汽车站的应急道路；

· 各个避难场所标识牌的具体位置；

· 各种防灾设施以及各种道路的具体位置等。

（2）设置避难标识

避难场所内应设置引导性的标识牌，绘制分布示意图、内部区划图、安全撤退路线图和远程避难路线图。在各避难场所附近道路醒目处，设置避难场所标识牌，标明避难场所的名称、具体位置和前往的方向。

图 3–41　佛山市里水镇富寿公园应急避难场所标识

避难场所分布示意图和内部区划图内容包括：避难疏散人员住宿场所布局，防火隔离带与防火安全带，各级通道的宽度与分布等。

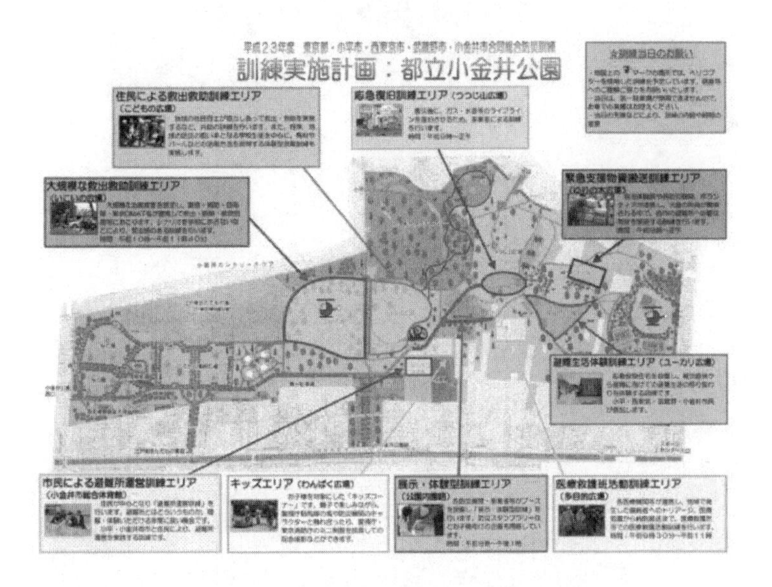

图 3–42　日本防灾公园的内部区划图

安全撤退路线和远程避难路线是指避难场所受到严重次生灾害威胁时的撤

退路线。

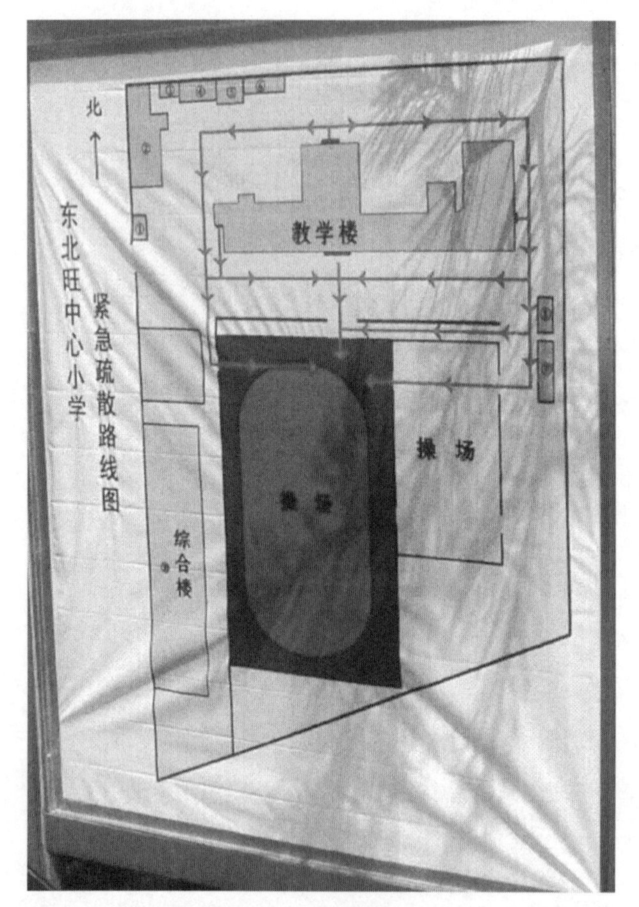

图 3-43　北京市东北旺中心小学避难场所紧急疏散路线图

(3）维护管理

产权单位不得私自在避难场所开阔空间内加建其他建（构）筑物，对有必要建设的设施必须通过政府管理部门同意。对避难场所周边建设情况应密切关注，对威胁到避难场所安全的建设应立即向政府管理部门汇报。

产权单位负责维持避难场所功能完好。每年应对避难场所设置的应急设施进行一次安全检查，对因老化而无法继续使用的设施应及时更换。

3.6.2.3 灾时管理要求

(1) 启用和关闭

避难场所的启用和关闭是涉及全局的至关重要的决策，应有组织地统一行动。启用和关闭的命令由县级政府发布，其他单位不得擅自行动。

每个避难场所应制订启用方案，灾害发生时，按照启用方案安全有序地开放避难场所。避难场所根据灾害的种类和规模启用，局部灾害事故发生时，为保证村镇其他功能的正常运作，应首先启用绿地型避难场所，在绿地型避难场所无法满足避难要求的情况下开启其他类型避难场所。在灾后紧急避难期，应急供水、应急供电和医疗急救设施等保证避难人员基本生活和应急救护的必备设施应被首先开启。

避难场所的关闭应根据灾害缓解的情况逐步进行。随着灾情的缓和，居住在避难场所的人员会越来越少，应适时关闭部分避难场所，最终完全停止所有场所的避难功能。

(2) 交通管制

交通管制是对交通的强制性管理。避难行动开始后，避难道路上的人流、车流明显增加，极易出现交通堵塞、拥挤与混乱，发生交通事故、踩踏事故或次生灾害。唐山、汶川等严重地震灾害后，对公路交通系统普遍实行道路管制，对保障避难行动安全，减少交通事故，提高震后救援效率等都有重要意义。

图 3-44　芦山地震后应急道路实施交通管制

交通管制的主要任务是合理分配车流、人流及其流动方向，确定车辆迂回线路，疏散拥堵线路，确保灾民安全避难疏散和紧急车辆通行，把灾后的交通混乱程度降到最低，为避难行动和抢险救灾创造良好的交通环境。

（3）避难引导

1923 年日本关东大地震后，没有避难引导，避难方向的选择不合理，是造成数万人被大火烧死的重要原因之一。2005 年美国丽塔飓风来袭前，有 100 多万人乘车“大逃亡”，但避难区域、顺序安排不当，造成交通堵塞，避难的高速公路上排起 100 多千米的汽车长龙。

图 3–45　杭州市拱墅区汽车城避难场所引导标识

引导是安全避难的重要措施，可以有序地把避难人员引导到各个指定避难所避难，防止盲目避难或因避难道路拥堵造成人员伤亡，还有助于避开可能发生的次生灾害。

图 3–46　社区组织火灾引导避难演练

引导避难时，避开危险的道路、桥梁、堤坝以及其他危险场所，选择比较安全的道路。在有可能发生危险的地点或路段设置标识牌或现场配备引导人员进行安全引导。避难弱者（包括老、弱、病、残、孕等）在避难行动中存在各种各样的困难，可以组织避难弱者在规定的场所集合，用车辆运送到指定避难场所。

第4章　村镇避难场所规划实例

某县位于华北地区，总面积1208平方千米，人口69.9万，其中农业人口57.69万。全县下辖19个乡镇、1个街道办事处，县域村镇布局见图4-1。

图4-1　某县县域村镇布局规划图

村镇避难场所规划范围选择在县城镇，包括河东片区和河西片区的非工业区部分。

在编制避难场所规划时，从综合防灾减灾的高度考虑，规划县城镇防灾空间布局，统筹考虑公园、绿地、学校、广场、体育场馆、政府机关和空地等可供避难的各类场地。

4.1 防灾避难资源调查与评估

县城镇为不连续的片区结构，即由跨越滦河的东西向区间主干道将河东片区和河西片区相联系，如图 4-2 所示。以滦河及其西侧的沙岗坡地为自然生态隔离屏障，河东片区发展建设生活服务区，河西片区主要发展工业区和与之配套的部分生活服务设施。

截至 2007 年年底，县城镇总人口 24.13 万，其中河东片区人口约 16.1 万，河西片区人口 8.03 万。县城镇总人口 2015 年规划控制在 30 万，2020 年控制在 42 万。

图 4-2　某县县城镇总体规划图

4.1.1 社区和人口

河东建成区通常指北二环路（祺光大街）以南，惠安大街以北，长城大路以西，迁雷公路以东的范围。目前，在这个范围内交错分布着属于县城街道办事处管理的社区、城中村以及其他企业和个人自建的住宅。河西建成区主要指滨河村住宅区的较小范围。

4.1.1.1 社区分布

河东建成区现有兴安、丰乐路、常青、燕阳、青杨、花园街、永顺街、惠宁西、惠宁东、燕春、明珠街和帝景豪庭12个社区，所辖居住小区见表4-1；河西片区由于长期没有被纳入规划范围，以滨河村矿业公司住宅为主的居住区没有被纳入社区管理体系。

表4-1 现有社区及所辖居住小区人口统计表

序号	社区名称	小区名称	人口（人）
1	兴安社区	兴安、燕颖、安颖	5840
2	丰乐路社区	华丰、长安、法华寺、电厂、明兴	5284
3	常青社区	常青	4745
4	燕阳社区	燕阳、燕祥	4277
5	青杨社区	青杨、青园	3970
6	惠宁西街社区	双惠、永惠、黄台、职中	5556
7	永顺街社区	永顺、景福、安顺、永惠	5913
8	燕春社区	燕春、东关	6105
9	惠宁东街社区	丰惠、燕惠	8800
10	明珠社区	明珠花园、明珠骏景	6578
11	帝景豪庭小区	帝景豪庭、一中	2055
12	花园街社区	花园、昌安	4010
	总 计		63133

近年来，一批新建的、规模较大的住宅区没有被纳入现有社区管理，如广场馨园、怡景豪庭、颐秀园、金水豪庭、经济适用房、黄台湖别墅岛和奥特富力城等。新建小区的面积及人口状况见表4-2。

表 4–2　新建小区居住人口统计表

序号	项目名称	建筑面积（m^2）	人口（人）
1	安顺家园 1	32000	792
2	安顺家园 2	36000	891
3	钢厂生活小区	128900	3191
4	黄台湖一号岛	26722	124
5	河畔人家	37682	519
6	佳兴住宅楼	2766	68
7	原饲料公司院内住宅	12192	302
8	惠民大街南住宅	14226	352
9	广场馨园一、二期	93000	2302
10	原一中北院住宅	25316	619
11	金色祺光 1	47459	1175
12	金色祺光 2	9166	227
13	五方和平楼	2640	65
14	黄台庄平改楼	50820	1258
15	时代花园	53925	273
16	颐秀园	154000	3046
17	绿色家园二期	51092	1265
18	原劳人局旧址商住楼	4133	102
19	惠泉商住楼	13266	328
20	商住楼	23100	560
21	周洪庄平改楼	32460	803
22	广电局北住宅楼	3799	94
23	张各庄平房改造区	104400	1588
24	北关平房改造区	38000	941
25	阚庄平改楼	50000	648

（续表）

序号	项目名称	建筑面积（m^2）	人口（人）
26	房管局	36965	915
27	住宅楼	9584	237
28	金水豪庭	170000	3149
29	大王庄平改	249724	1249
30	广场馨园三期	45000	226
31	燕阳小区二期	40800	1010
32	锦绣家园	87291	917
33	宏源花苑	48000	670
34	老汽车站住宅楼	50000	475
35	万生家园二期	18000	337
	合　计		30718

4.1.1.2 城中村的分布

由于自然条件所限，大量村庄聚集在县城镇。而且，随着县城镇的不断扩大，周边的村庄不断进入，形成了大量的城中村。在县城周边，还分布着一定数量的城郊村。

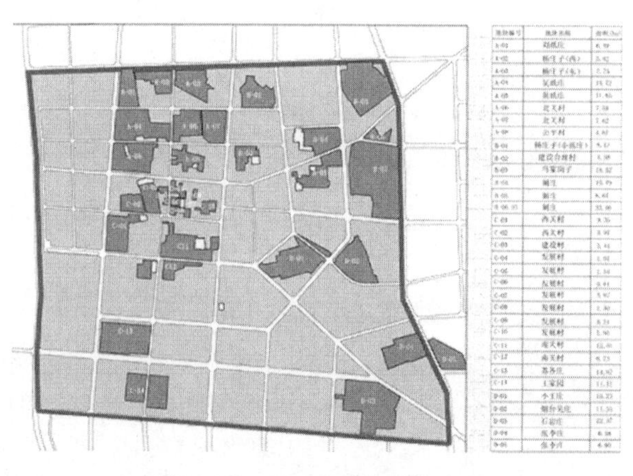

图 4-3　河东片区城中村现状图

城中村主要分布在河东片区，现状布局如图 4－3 所示，人口状况见表4-3。

表 4-3　县城镇城中村人口一览表

序号	名 称	位 置	人口（人）
1	刘纸庄	河东片区	891
2	杨庄子	河东片区	1104
3	吴纸庄	河东片区	915
4	黄纸庄	河东片区	541
5	北关村	河东片区	1037
6	公平村	河东片区	896
7	阚庄	河东片区	1752
8	西关村	河东片区	925
9	建设村	河东片区	667
10	发展村	河东片区	980
11	南关村	河东片区	960
12	苏各庄	河东片区	942
13	王家园	河东片区	700
14	小王庄	河东片区	1036
15	烟台吴庄	河东片区	731
16	石岩庄	河东片区	1101
17	张李庄	河东片区	477
	合 计		15655

4.1.2 建筑物和道路

4.1.2.1 建筑物概况

20 世纪 90 年代中期以来，河东片区住宅就呈小区或组团状建设，小区配套设施较完善。河西片区纳入统一规划管理后，除城中村外旧住宅区主要分布在滨河村，滨河村仍保留着一批 20 世纪 60 年代建设的住宅，居住环境较差。

县城镇一般建设工程抗震设防按地震动峰值加速度为0.15g（相当于地震烈度Ⅶ度）设防，建筑结构形式多为砖混结构2～6层，少数高层建筑，如锦江饭店、金都大酒店、鸿洲商厦、电力大厦等，高层建筑结构形式为钢筋混凝土结构。

城中村建筑大多数为村民自建房，没有经过正规的设计和施工。此类住宅多为1～2层建筑，其中部分建筑年代较长，抗震性差。

4.1.2.2 道路概况

目前，县城镇对外交通主要出入口有7个。县城过境交通道路主要有3条，即河东片区的长城大路和滨湖东路、河西片区的野兴路。

道路网以方格网为主，环路和放射路相结合的方式，由快速路、主干路、次干路和支路四个级别构成，主要道路见表4-4。县城主干道和次干道较宽，但城中村街道交通量较大又狭窄，不利于消防车以及救援车辆的进出。

表4-4 县城现有道路统计表

道路名称	性　质	起　点	止　点	红线宽度（m）
兴安大街	主干道	阜安大路	丰乐大路	28
		丰乐大路	长城大路	28
昌盛大路	次干道	祺光大街	祺福大街	25
		祺福大街	永顺大街	20
燕山大路	主干道	祺光大街	祺福大街	32
		祺福大街	惠泉大街	32
		惠泉大街	钢城大街	50
		钢城大街	惠安大街	50
		惠安大街	滨湖东路	60
花园街	次干道	阜安大路	丰乐大路	20
永顺街	次干道	大坝铺路	阜安大路	20
		阜安大路	燕山大路	20

（续表）

道路名称	性　质	起　点	止　点	红线宽度（m）
惠宁大街	主干道	丰乐大路	丰安大路	31
		丰安大路	燕山大路	43
		燕山大路	阜安大路	25
惠泉大街	主干道	阜安大路	丰安大路	43
		丰安大路	明珠大街	43
祺光大街	主干道	滨湖东路	长城大路	40
祺福大街	主干道	大坝铺路	阜安大路	25
		阜安大路	丰乐大路	25
钢城大街	主干道	滨湖东路	阜安大路	55
		阜安大路	丰安大路	55
丰安大路	主干道	惠宁大街	长城大路	43
丰乐大路	主干道	祺福大街	惠宁大街	31
大坝铺路	支路	祺光大街	惠宁大街	15
中间路	支路	祺福大街	惠宁大街	20
阜安大路	主干道	祺光大街	惠安大街	40
长城大路	主干道	北三环外	祺光大街	24
		祺光大街	明珠大街	38
		明珠大街	丰安大路	38
		丰安大路	滨湖东路	38
明珠街	主干道	燕山大路	丰乐大路	20
		丰乐大路	长城大路	43
惠安大街	主干道	阜安大路	长城大路	45
滨湖东路	主干道	祺光大街	钢城大街	50
		钢城大街	长城大路	50
顺喜路	支路	永顺街	惠宁大街	6

（续表）

道路名称	性　质	起　点	止　点	红线宽度（m）
新颖路	支路	惠宁大街	明珠大街	18
		明珠大街	兴安大街	12
工业园区路	主干道	长城大路	迁徐路	43

4.1.3 次生灾害危险源

按灾害影响范围来看，全域性灾害为震灾，局部性灾害为水灾和火灾等。地震灾害为县城镇的主导灾害，地震次生灾害危险源主要包括：县城内的加油站、油库、天然气站、液化气站、高层建筑和老旧民房等。

4.1.3.1 油气站的分布

河东片区当前易燃易爆单位有 2 个液化气站、1 个天然气储配站、13 家加油站，河西片区有 2 个制氧厂、1 个乙炔厂、1 个液化气站、1 个氧气乙炔供应站、1 个油库和 4 家加油站。燃气储配站位于交警指挥中心西侧，建有中压管道 15 千米和小区调压站 3 个，居民及饭店用户 4585 户。

由于县城镇不断外扩，原来处于外围的液化气站和燃气站逐渐被包围在镇中，对其周边地区的安全构成威胁。现状油气站分布见 4–5。

表 4–5　县城油气站分布统计表

类型	名　称	位　置	与建筑物距离（m）	防火隔离带
加油站	油龙公司加油站	阜安大路与花园街交叉口西南方向	36	无
	加油站	祺光大街与丰乐大路交叉口东南方向	107	有（西南侧）
	加油站	长城大公路与迁卢路交叉口西侧	19	有（东侧）

（续表）

类型	名　称	位　　置	与建筑物距离（m）	防火隔离带
加油站	加油站	祺福大街与丰乐大路交叉口东侧	5	无
	加油站	明珠街与丰乐大路交叉口东南侧	17	无
	加油站	祺光大街与长城大公路交叉口西南侧	39	无
	加油站	阜安大路与永顺街交叉口北行 100 米西侧	10	无
	九江公司加油站	河西片区钢城西路	150	无
	北关加油站	祺福大街与燕山北路西行 270 米南侧	6	无
油库	中国石油	丰安大路与三环路交叉口西北方向	34	无
天然气站	新华联燃气公司	惠安大街	200	无
液化气站	建伟液化气站	祺光大街与丰乐路交叉口东行 300 米南侧	44	无

4.1.3.2 老旧民房的分布

县城老旧民房主要指分布在河东片区的 17 个城中村，村民住房一般年代较长，防火等级低，存在较大的火灾隐患。

4.1.4 防灾救灾资源

4.1.4.1 医疗卫生

河东片区现有医疗机构 7 所、血站 1 所，河西片区现有医院 2 座。医疗卫生机构名称和具体位置见表 4–6。

4.1.4.2 消防站

县城镇现有专职消防站 2 座，企业消防站 1 座。河东片区的消防站位于兴安大街东段北侧，1978 年建站为二级普通消防站。河西片区的消防站位于迁杨路东段南侧，企业消防站为河西片区企业专职消防站。具体位置见表 4–6。

4.1.4.3 物资储备

物资储备点是指大的粮食储备库，大型的商场、超市等。其功能规划为灾后或者其他应急状况下能向居民提供生活物资。物资储备点名称和位置见表4–6。

表 4–6　防灾救灾资源统计表

类型	名　　称	地　理　位　置
医疗卫生	疾病预防中心	丰安路与钢城大街交汇的西南处
	人民医院	兴安大街与丰乐大路交接的西南角
	妇幼保健医院	永顺大街北燕山大路以西中医院东侧
	中医院	永顺街与燕山大路交叉口的西北部
	燕山医院	惠文大街与经四路交叉的西北角
	中心血站	丰安大路南果菜批发市场东侧
	老干部医院	花园街与昌盛大路交叉口西南侧
	镇卫生院	和平路与兴安大街交叉口南侧
	矿山医院	钢城西路
	杨店子中心卫生院	野兴路
消防	消防中队	兴安大街与丰乐大路交叉口东北侧
	河西消防站	经十路

（续表）

类型	名称	地理位置
物资储备	家乐超市	丰安大路与惠泉大街交叉口
	东安超商	兴安大街与燕山大路交叉口东南
	东购商场	兴安大街与燕山大路交叉口西北
	鸿洲商厦	兴安大街与燕山大路交叉口西南
	宏宇商场	时代广场西
	北购商场	宏宇商场西
	东盛超市	阜安大路与惠泉大街交叉口

4.1.5 可利用避难场地及其安全性评估

对县城镇现有可利用的公园、绿地、学校、广场、体育场馆、政府机关和空地等场地进行了实地考察，对现有可利用避难场地的灾害风险和基础设施状况进行评估。

4.1.5.1 河东片区可利用避难场地及其安全性

现有可利用避难场地的规模及其灾害风险和基础设施状况见表4-7。

表4-7 河东片区现有可利用避难场地一览表

序号	名称	面积（hm^2）	有效面积（hm^2）	灾害风险	基础设施
1	黄台山公园	51.1	10.22	小	好
2	奥体中心操场、体育馆及绿地	10.8	4.32	小	好
3	市政广场及连片绿地	18.14	4.1	小	好
4	第三高级中学门前绿地	10	3.92	大	中
5	人民广场	12.24	3.82	小	好
6	人民医院	10.02	3.77	中	好
7	第一高级中学及连片绿地	13.54	3.32	小	好
8	生态公园	16.4	3.28	中	中
9	燕鑫公益园	13	2.73	小	好

（续表）

序号	名称	面积（hm^2）	有效面积（hm^2）	灾害风险	基础设施
10	行政办公中心及连片绿地	6.05	2.04	小	好
11	锦江饭店	4.31	1.97	小	中
12	市标广场	3.1	1.74	大	中
13	第三高级中学	4.2	1.61	中	号
14	地志公园	3.76	2.24	中	中
15	大坝东带状公园	5.3	1.48	中	差
16	第二高级中学	2.73	1.47	小	好
17	镇第二初级中学	1.8	1.2	小	好
18	镇第一初级中学	1.87	0.81	小	好
19	明珠广场	2.65	0.76	大	中
20	第四实验小学	1.3	0.74	小	好
21	政府西南绿地	2	0.67	中	中
22	第一实验小学	1.29	0.66	小	好
23	惠宁大街西段带状公园	2.1	0.59	小	中
24	镇政府	1.17	0.56	小	好
25	教师进修学校	1.2	0.54	小	中
26	丰惠园	1.15	0.45	中	中
27	交通局	0.98	0.44	小	中
28	兴安广场	0.85	0.42	中	中
29	文化广场	0.62	0.37	中	中
30	明珠花园	3	0.36	小	中
31	第三实验小学	0.79	0.34	中	好
32	时代广场	0.64	0.32	中	中
33	明珠骏景	3.3	0.32	小	中
34	镇公安分局	0.55	0.31	小	中

（续表）

序号	名 称	面积（hm^2）	有效面积（hm^2）	灾害风险	基础设施
35	南四环与燕山大路交叉口西侧绿地	0. 6	0. 25	中	中
36	小王庄小学	0. 5	0. 25	中	中
37	第二实验小学	0. 67	0. 24	中	中
38	市房管局东侧	0. 5	0. 18	中	中
39	南四环与燕山大路交叉口东侧绿地	0. 4	0. 17	中	中
40	镇一中对面街旁绿地	0. 4	0. 16	小	中
41	阜城园	0. 54	0. 15	中	中
42	市标广场东南绿地	0. 46	0. 13	大	中
43	南关静园	0. 4	0. 11	中	中
44	红枫园	0. 33	0. 11	中	中
45	钢城大街与阜安大路交叉口东南新建绿地	0. 18	0. 11	中	中
46	颐秀园	3. 56	0. 11	小	中
47	青杨小区	1. 2	0. 11	小	中
48	城关法庭	0. 19	0. 11	中	中
49	老干部活动中心	0. 7	0. 1	中	中
50	怡翠园	0. 2	0. 09	中	中
51	兴安大街街旁绿地	0. 15	0. 08	小	中
52	惠宁大街西出口绿地	0. 15	0. 08	大	中
53	燕南园	0. 49	0. 08	中	中
54	常青公园	0. 5	0. 07	中	中
55	钢城大街与阜安大路交叉口东北侧绿地	0. 15	0. 07	中	中
56	花园街游园	0. 33	0. 06	中	中

（续表）

序号	名 称	面积（hm^2）	有效面积（hm^2）	灾害风险	基础设施
57	樱花园	0. 25	0. 05	小	中
58	丁香园	0. 21	0. 04	小	中
59	吴庄文明生态村门前绿地	0. 25	0. 04	中	中
60	惠泉大街与阜安路交叉口东南侧街旁绿地	0. 08	0. 04	中	中
61	安乐园	0. 16	0. 03	中	中

4. 1. 5. 2 河西片区可利用避难场地及其安全性

河西片区现状可利用避难场地规模及其灾害风险和基础设施状况见表4–8。

表 4–8　河西片区现有可利用避难场地一览表

序号	名 称	面积（hm^2）	有效面积（hm^2）	灾害风险	基础设施
1	矿山文化活动中心	2. 2	0. 54	中	好
2	杨店子镇中心公园	2. 38	0. 58	中	中
3	工人俱乐部	1. 0	0. 42	中	好
4	矿业公司家属区带状公园	1. 2	0. 29	中	中
5	矿业学校中小学	2. 0	1. 26	小	好
6	杨店子初级中学	2. 83	1. 69	小	好

4. 1. 6 可利用应急道路及其安全性评估

计算应急道路的有效宽度时，采用简化计算方法，对主干道两侧建筑倒塌后的废墟的宽度按建筑高度的 2/3 计算，其他情况可按 1/2 至 2/3 计算。目前可利用应急道路有效宽度计算及其评估结果见表 4-9。

表 4-9　现有可利用应急道路评估表

序号	道路名称	道路红线宽度（m）	道路的有效宽度（m）	是否满足避难要求
1	长城大路	40	40	是
2	迁雷公路	40	40	是
3	祺光大街	40	35	是
4	燕山路	32	20. 8	是
5	兴安大街	28	20. 6	是
6	惠宁大街	25	14	是
7	丰安大路	43	39	是
8	钢城路	43	43	是
9	阜安大路	40	34. 1	是
10	惠泉大街	43	39. 7	是
11	丰盛路	43	38. 3	是
12	花园街	20	10	是
13	永顺街	20	11. 7	是
14	和平路	15	0. 9	否
15	经四路	32	32	是
16	经三路	32	32	是
17	明珠街	43	36. 4	是
18	昌盛大路	20	15. 9	是
19	丰乐大路	31	26. 0	是
20	祺福大街	25	20. 9	是
21	新颖路	12	4. 4	是

（续表）

序号	道路名称	道路红线宽度（m）	道路的有效宽度（m）	是否满足避难要求
22	二实小东路	4.4	0	否

4.1.7 县城镇避难疏散的问题

4.1.7.1 人均有效避难面积少

可利用避难场地规模为237.11公顷，但有效避难面积只有68.95公顷，目前人均有效面积2.86平方米。其中，河东片区现有人均有效面积为3.99平方米，河西片区人均有效面积只有0.59平方米，人均占有避难面积还处在一个较低的水平。

4.1.7.2 避难场地空间分布不均衡

防灾避难可利用场地的空间分布不均衡。河东片区多，河西片区少；新城区多，老城区少；社区多，城中村少。

4.1.7.3 应急设施缺失

（1）基础设施条件较差

大型公园和学校的基础设施条件较好，街边绿地、社区公园、居住区绿地和单位附属绿地的设施较差，部分有供电或给水设施，有的没有。

（2）缺少“平灾结合”设计

现有可利用场地防灾设施均缺少“平灾结合”的考虑（如现有的公园水景、树木和厕所等没有与应急供水、防火树林带和临时厕所整合设计），一旦灾害发生，现有场地难以迅速转换成避难场所。

（3）出入口数量和形态不合理

现有可利用场地出入口数量和形态普遍不能满足要求。如燕鑫公益园、文化活动中心均只有两个出入口；黄台山公园、市标广场的出入口则被栏杆封闭，不能正常进出车辆。

（4）场所内通道宽度不足

现有可利用场所内通道宽度达不到要求，如南关静园、常青花园、时代广场、明珠广场和杨店子镇中心公园内通道的宽度均在3米以下。

4.2 防灾空间规划布局

4.2.1 防灾空间分级与要求

4.2.1.1 防灾分区的救灾功能及分级标准

《城市抗震防灾规划标准》（GB 50413—2007）以巨灾、大灾、中灾来表示城市可能遭遇的灾害规模及影响。参照上述的划分原则将村镇防灾分区划分为三级，分别为防灾组团、疏散生活分区和防灾街区，各级防灾分区既自成体系又相互联系，三级防灾分区分别保障应对巨灾、大灾和中灾影响下的救灾功能。

村镇防灾空间布局应具备以下功能：防止次生灾害的蔓延，保证抗灾救灾工作的便利，确保防灾救灾骨干基础设施功能，满足应急救援的需要。

4.2.1.2 基础数据

考虑绿化隔离带、河流、道路、消防站、街道（社区）、医疗卫生机构、避难场地的布局，某县城镇共划分为 2 个防灾组团、5 个疏散生活分区和 30 个防灾街区。防灾空间规划布局如图 4–4 所示，防灾空间的基本数据见表4–10。

图 4–4　防灾空间规划布局图

表 4-10 防灾空间布局的基本数据

防灾组团	疏散生活分区	防灾街区	位置	面积（km^2）	人口（人）
河东片区	1	1-1	阜安大街与兴安大街交叉的西北	1.030	11038
		1-2	阜安大街，燕山北路，祺福大街上方	0.896	9603
		1-3	祺福大路、阜安大街、兴安大街、燕山北路之间	0.730	12923
		1-4	兴安大街，阜安大路的西南	0.961	10885
		1-5	兴安大街、阜安大路、惠宁大街、燕山北路之间	0.844	14746
		1-6	惠宁大街、阜安大路、钢城东路、燕山北路之间	1.043	11175
		1-7	黄台湖岛	0.550	5893
	2	2-1	三里河，兴安大街，平青大公路上方	1.050	11255
		2-2	燕山北路、花园街、丰乐大路、兴安大街、三里河之间	0.735	12549
		2-3	花园街、丰乐大路、兴安大街、平青大公路、明珠街、燕山中路之间	0.669	13113
		2-4	兴安大街、平青大公路、三里河之间	0.606	7129
		2-5	燕山中路、明珠街、惠泉大街、惠宁大街丰安大路之间	0.679	14425
		2-6	惠宁大街、丰安大路、钢城东路、燕山南路之间	0.928	9943
		2-7	惠泉大街、三里河、平青大公路、丰安大路之间	1.387	12043
	3	3-1	迁镭公路、钢城东路、燕山南路、南四环路之间	0.879	9418
		3-2	迁镭公路、南四环路、燕山南路、纬八街、和平路、纬七街之间	1.369	14668

（续表）

防灾组团	疏散生活分区	防灾街区	位 置	面积（km^2）	人口（人）
河东片区	3	3-3	迁镭公路、纬七街、和平路、纬八街、燕山南路之间	1. 342	14379
		3-4	燕山南路、纬八街、经三路、迁镭公路之间	0. 933	9996
	4	4-1	燕山南路、钢城东路、经四路、纬七街之间	1. 197	12825
		4-2	经四路、钢城东路、丰安大路、平青大公路、纬七街之间	1. 043	11175
		4-3	燕山南路、纬七街、经四路、纬九街、经三路、纬八街之间	0. 903	9675
		4-4	经四路、纬七街、平青大公路、纬九街之间	1. 091	11689
		4-5	经三路、纬九街、平青大公路、迁镭公路之间	1. 840	19714
河西片区	5	5-1	经一路、纬一街、沙河之间	1. 152	16515
		5-2	沙河、纬一街、经十路、纬三街之间	0. 882	12644
		5-3	经十路、沙河、纬一街、经十二路、纬四街之间	1. 048	15024
		5-4	沙河、纬三街、沙河之间	0. 927	13289
		5-5	经二路、纬八街、经六路、沙河之间	1. 080	15483
		5-6	经六路、沙河、纬四街、经十一路、钢城西路、纬八街之间	1. 154	16543
		5-7	经十一路、纬四街、钢城西路之间	0. 921	13203

4.2.2 避难人口估算

紧急避难人数按照防灾分区人口的80%计算。短期固定避难人数把防灾分区人口的15%作为最低控制指标，长期固定避难人数把防灾分区人口的5%作为最低控制指标。

中长期固定避难人数根据建筑工程可能破坏和潜在次生灾害影响进行估算，计算的各防灾分区的避难人口数量见表4-11。

表4-11　防灾分区避难人口一览表

防灾组团	疏散生活分区	防灾街区	总人口（人）	紧急避难人员（人）	中长期固定避难人员（人）
河东片区	1	1-1	11038	8830	2208
		1-2	9603	7682	1921
		1-3	12923	10338	2585
		1-4	10885	8708	1089
		1-5	14746	11797	2949
		1-6	11175	8940	1676
		1-7	5893	4714	589
	2	2-1	11255	9004	2251
		2-2	12549	10039	2510
		2-3	13113	10490	2623
		2-4	7129	5703	1426
		2-5	14425	11540	2885
		2-6	9943	7954	1491
		2-7	12043	9634	2409
	3	3-1	9418	7534	942
		3-2	11218	8974	1122
		3-3	17829	14263	1783
		3-4	9996	7997	1000

（续表）

防灾组团	疏散生活分区	防灾街区	总人口（人）	紧急避难人员（人）	中长期固定避难人员（人）
河东片区	4	4–1	12825	10260	1283
		4–2	11175	8940	1118
		4–3	9675	7740	1451
		4–4	11689	9351	1753
		4–5	19714	15771	2957
河西片区	5	5–1	16515	13212	3303
		5–2	12644	10115	1264
		5–3	15024	12019	1502
		5–4	13289	10631	1993
		5–5	15483	12386	3097
		5–6	16543	13234	2481
		5–7	13203	10562	1980
合计				298362	57641

4.3 中心避难场所规划

根据现有和规划可利用场地的性质、容量、安全性和设施条件，筛选出具备改建条件的候选中长期固定避难场所（考虑到学校在灾后复课的需要，这里没有将学校列为候选中长期固定避难场所）。利用评价指标和评价模型，对候选场所作为中长期固定避难场所的适宜性进行排序，将最适宜且有效面积在 5 公顷以上的场所规划为中心避难场所。

在县域范围内规划中心避难场所 1 处，将比邻的人民广场、市政广场、行政办公中心、锦江饭店和第一高级中学及连片绿地 5 个连片场所组合成为中心避难场所，见表 4–12。

中心避难场所设置应急指挥、医疗救治、抢险救援、物资集散、伤员转运等功能。

表 4–12　规划的中心避难场所

<table>
<tr><th>场所名称</th><th>位　　置</th><th>功能类型</th><th>面积（hm^2）</th><th>有效面积（hm^2）</th></tr>
<tr><td>人民广场</td><td>燕山大路与惠泉大街交叉口东侧</td><td>公园</td><td rowspan="5">54. 28</td><td rowspan="5">15. 25</td></tr>
<tr><td>市政广场及连片绿地</td><td>钢城大街与燕山大路交叉口西南侧</td><td>公园</td></tr>
<tr><td>行政办公中心及连片绿地</td><td>燕山大路与钢城东路交叉东南处</td><td>绿地</td></tr>
<tr><td>锦江饭店</td><td>惠泉大街与燕山大路交叉口西南侧</td><td>绿地</td></tr>
<tr><td>第一高级中学及连片绿地</td><td>燕山大路与钢城东路交汇口东南处</td><td>操场、体育馆</td></tr>
</table>

图 4–5　市政广场

图 4–6　人民广场

图 4–7　行政中心广场

图 4–8　第一高级中学

4.4 固定避难场所规划

为节约建设固定避难场所的资金，需要优选出最少的场所覆盖全部防灾街区，并满足场所容量和疏散距离的要求。

利用选址优化模型，将符合条件的候选固定避难场所和中心避难场所一同计算，优选确定县城镇中长期固定避难场所，见表 4-13。

表 4-13　规划的中长期固定避难场所一览表

<table>
<tr><th>编号</th><th>场所名称</th><th>功能类型</th><th>防灾组团</th><th>疏散分区</th><th>面积（hm^2）</th><th>有效面积（hm^2）</th><th>容纳人数（人）</th></tr>
<tr><td>1</td><td>黄台山公园</td><td>公园</td><td rowspan="4">河东片区</td><td>1</td><td>51.1</td><td>10.22</td><td>22711</td></tr>
<tr><td>2</td><td>生态公园</td><td>公园</td><td>2</td><td>16.4</td><td>3.28</td><td>7289</td></tr>
<tr><td>3</td><td>地志公园</td><td>公园</td><td>2</td><td>3.76</td><td>2.24</td><td>4978</td></tr>
<tr><td>4</td><td>河东儿童公园</td><td>公园</td><td>4</td><td>15.7</td><td>4.71</td><td>10467</td></tr>
<tr><td>5</td><td>濠沙公园</td><td>公园</td><td rowspan="2">河西片区</td><td>5</td><td>22.3</td><td>6.69</td><td>14867</td></tr>
<tr><td>6</td><td>钢城公园</td><td>公园</td><td>5</td><td>13.75</td><td>4.13</td><td>9178</td></tr>
<tr><td colspan="5">合　计</td><td>123.01</td><td>31.27</td><td>69490</td></tr>
</table>

县城镇共规划中长期固定有效避难面积 31.27 万平方米，可容纳 69490 人中长期避难。

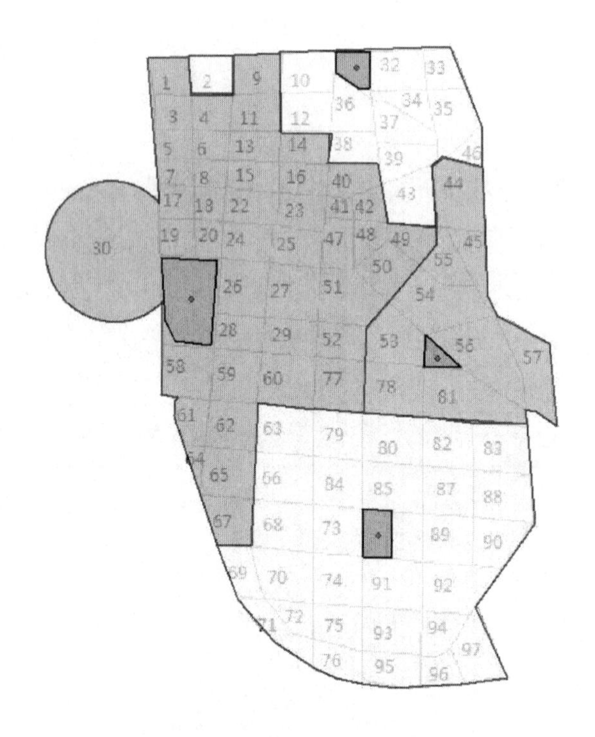

图 4–9 河东片区固定避难场所及其责任区示意图

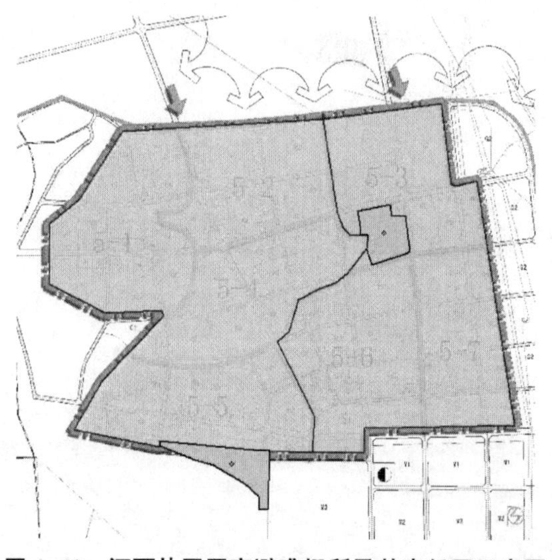

图 4–10 河西片区固定避难场所及其责任区示意图

4.5 紧急避难场所规划

紧急避难场所满足避难人员步行 1000 米到达场所的要求。表 4-14 给出了县城镇紧急避难场所在各防灾街区的分布。

表 4-14　规划的紧急避难场所一览表

编号	场所名称	功能类型	疏散分区	防灾街区	面积（hm^2）	有效面积（hm^2）	容纳人数（人）
1	大坝东带状公园，祺光大街至北外环段	公园	1	1-1	2.05	0.82	4100
2	第五实验小学	操场		1-1	0.7	0.56	2800
3	大坝东带状公园兴安大街至祺光大街段	公园		1-1	2.98	0.89	4450
4	祺光大街与阜安大路东北绿地及操场	绿地操场		1-2	1.7	0.68	3400
5	祺光大街与昌盛大路东北小学	操场		1-2	0.7	0.56	2800
6	第一初级中学	操场		1-2	1.8	1.44	7200
7	祺福大街与阜安大路东南侧小学	操场		1-3	0.7	0.56	2800
8	花园街清真寺广场	公园		1-3	1.5	0.6	3000
9	祺福大街南侧，昌盛路与燕山路之间	公园		1-3	2.5	0.75	3750
10	兴安广场	公园		1-3	0.85	0.32	1600

（续表）

编号	场所名称	功能类型	疏散分区	防灾街区	面积（hm^2）	有效面积（hm^2）	容纳人数（人）
11	大坝东带状公园惠宁大街至兴安大街段	公园	1	1-4	2. 32	0. 70	3500
12	惠宁大街西段带状公园	公园		1-4	2. 1	1. 26	6300
13	时代广场	公园		1-5	0. 64	0. 32	1600
14	第二高级中学	操场		1-5	1. 8	1. 44	7200
15	惠宁大街与阜安大路东北绿地	绿地		1-5	1. 27	0. 38	1900
16	永顺街与昌盛大路交叉口西北	绿地		1-5	0. 52	0. 21	1050
17	第二初级中学	操场		1-6	1. 8	1. 26	6300
18	镇政府，教师进修学校	绿地		1-6	2. 37	1. 10	5500
19	锦江饭店西侧停车场	公园		1-6	0. 8	0. 4	2000
20	第一实验小学	操场		1-6	0. 7	0. 56	2800
21	莲花岛广场	公园		1-7	3	1. 2	6000
22	城北生态公园东侧小学	操场	2	2-1	0. 7	0. 56	2800
23	第三高级中学	操场		2-1	1. 8	1. 26	6300
24	三里河带状公园丰盛大路与三里河西北	公园		2-1	2. 2	0. 66	3300

（续表）

编号	场所名称	功能类型	疏散分区	防灾街区	面积（hm^2）	有效面积（hm^2）	容纳人数（人）
25	三里河带状公园丰乐大路与三里河东南	公园	2	2-2	1.13	0.34	1700
26	第三实验小学	操场		2-2	0.7	0.56	2800
27	三里河带状公园丰盛路西，纬一街南北两侧	公园		2-2	4.2	1.26	6300
28	文化广场	公园		2-3	2.05	0.82	4100
29	阚庄绿地	绿地		2-3	1.0	0.30	1500
30	三里河带状公园丰盛路东，兴安大街至明珠街段	绿地		2-3	2.55	0.77	3850
31	三里河带状公园兴安大街与丰盛大路东南	公园		2-4	1.16	0.35	1750
32	第四实验小学	操场		2-4	0.7	0.56	2800
33	三里河带状公园明珠街南侧广场	公园		2-4	2.21	0.66	3300
34	第二实验小学	操场		2-5	0.7	0.56	2800
35	明珠广场	公园		2-5	2.65	1.06	5300
36	小王庄小学	操场		2-5	0.7	0.56	2800
37	交通局	绿地		2-6	0.98	0.44	2200
38	南二环与丰安大路南绿地	绿地		2-6	1.15	0.45	2250
39							

（续表）

编号	场所名称	功能类型	疏散分区	防灾街区	面积（hm^2）	有效面积（hm^2）	容纳人数（人）
40	金都酒店停车场	绿地	2	2-6	1	0.6	3000
41	三里河带状公园三里河西侧，明珠街至北康街	公园		2-7	2.5	0.5	2500
42	张李庄村	绿地		2-7	1.0	0.30	1500
43	市标广场	公园		2-7	3.1	1.74	8700
44	王家园村	绿地	3	3-1	1.0	0.30	1500
45	大坝东带状公园南四环路至钢城东路段	公园		3-1	5.75	1.73	8650
46	燕山南路西侧绿地纬七街至南四环路	绿地		3-2	4.93	1.48	7400
47	燕山南路西侧绿地及停车场纬八街至纬七街段	绿地及停车场		3-2	5.68	1.7	8500
48	凌庄村小学	操场		3-2	0.7	0.56	2800
49	某学院	操场		3-3	1.8	1.44	7200
50	职教中心	操场		3-3	1.8	1.44	7200
51	古韵公园	公园		3-3	21.17	6.35	31750
52	奥体中心	操场		3-3	10.8	3.2	16000
53	燕山南路东侧绿地纬八街至纬九街段	绿地		3-4	4.9	1.47	7350
54	燕山南路东侧绿地纬九街至纬十街段	绿地		3-4	3.34	1.0	5000
55	燕山南路东侧绿地纬十街至阜安大路段	绿地		3-4	2.97	0.89	4450

（续表）

编号	场所名称	功能类型	疏散分区	防灾街区	面积（hm^2）	有效面积（hm^2）	容纳人数（人）
56	纬七街与经三路西北绿地	公园	4	4-1	3.0	1.0	5000
57	纬七街与经三路东北	绿地		4-1	2.45	1.23	6150
58	崔庄村	绿地		4-1	0.8	0.32	1600
59	第三初级中学	操场		4-2	1.8	1.44	7200
60	燕鑫公益园	公园		4-2	13.0	2.73	13650
61	人民医院	绿地		4-2	10.2	3.77	18850
62	挪河村	绿地		4-3	1.0	0.30	1500
63	纬八街与经四路西南小学	操场		4-3	0.7	0.56	2800
64	燕山南路东侧绿地纬七街至纬八街段	绿地		4-3	2.95	0.89	4450
65	纬七街与经五路东南广场	公园		4-4	2.23	0.89	4450
66	纬九街与经四路东北广场	公园		4-4	2.17	0.87	4350
67	谢庄村	绿地		4-4	0.8	0.32	1600
68	纬十街与经四路交叉绿地、停车场	绿地及停车场		4-5	4.34	1.45	7250
69	平青大路与纬十街交叉绿地	绿地		4-5	1.82	0.55	2750
70	大坝北带状公园经四路至平青大路段	绿地		4-5	9.07	2.72	13600

（续表）

编号	场所名称	功能类型	疏散分区	防灾街区	面积（hm^2）	有效面积（hm^2）	容纳人数（人）
71	沙河湿地公园	公园	5	5-1	10.5	3.15	15750
72	纬一街与经三路东南中学	操场		5-1	3.04	2.43	12150
73	纬三街与经二路西北广场	公园		5-1	1.19	0.48	2400
74	纬三街与经二路东南中小学	操场		5-1	2.5	2	10000
75	纬一街与经八路东南绿地	绿地		5-2	1.61	0.48	2400
76	纬一街与经六路东南小学	操场		5-2	0.7	0.56	2800
77	纬一街与纬二街间，经六路东操场	操场		5-2	1.09	0.87	4350
78	杨店子镇中心公园	绿地		5-2	3.06	0.92	4600
79	纬三街与经十路西北绿地	绿地		5-2	2.3	0.69	3450
80	纬三街与纬四街之间，经十一路东	操场		5-3	2.5	2	10000
81	纬一街与经十一路西南绿地	绿地		5-3	2.0	0.6	3000
82	纬三街北，经十路和经十一路段带状公园	绿地		5-3	2.63	0.79	3950

（续表）

编号	场所名称	功能类型	疏散分区	防灾街区	面积（hm^2）	有效面积（hm^2）	容纳人数（人）
83	纬三街北，经十一路和经十二路段带状公园	绿地	5	5-3	1.95	0.59	2950
84	纬四街与经六路西北小学	操场		5-4	0.7	0.56	2800
85	纬三街与经八路西南广场	公园		5-4	1.04	0.42	2100
86	纬四路与经二路东南	公园		5-4	6.0	1.8	9000
87	矿业中小学	操场		5-5	1.8	1.44	7200
88	医院西侧小学	操场		5-5	0.7	0.56	2800
89	纬五路南，经四路至经五路	绿地		5-5	1.42	0.43	2150
90	工人俱乐部	绿地		5-5	1.61	0.48	2400
91	体育馆	体育馆		5-5	1	0.7	3500
92	钢城西路与经五路东南教育用地	操场		5-5	0.7	0.56	2800
93	纬六街与经十路西南操场	操场		5-6	1.64	1.31	6550
94	经十路东，纬五路至纬六路绿地	公园		5-6	6.2	1.86	9300
95	经十路与纬五路西北小学	操场		5-6	0.7	0.56	2800

续表

编号	场所名称	功能类型	疏散分区	防灾街区	面积(hm^2)	有效面积(hm^2)	容纳人数(人)
96	钢城西路北侧，经十路至经十一路公园	公园	5	5-6	2.12	0.64	3200
97	河西行政广场	公园		5-6	8.5	3.4	17000
98	纬七路北绿地，经十一路至经十二路	绿地		5-7	4.41	1.32	6600
99	纬六路与经十二路西南中小学	操场		5-7	2.5	2	10000
100	纬五路与经十二路西北	公园		5-7	3.74	1.12	5600
合　计						105.62	528200

县城镇规划范围内安排紧急避难场所 100 个，有效避难面积 105.64 万平方千米，可容纳 52.82 万人紧急避难。

4.6 应急道路规划

以县城对外交通干道为主要救灾干路。结合某县总体规划布局，在北部、东部和南部三个方向设置救灾干路，其中北部疏散方向共 5 条公路，东部疏散方向共 3 公路，南部疏散方向共 2 条公路。县城出入口为 10 个。

各级应急道路形成网络格局，保证某一疏散线路受阻时可以机动地采用其他路线行驶。各级应急道路规划布局见表 4-15、表 4-16 和图 4-11。

表 4–15　河东片区规划应急道路一览表

道路名称	起止位置	道路红线（m）	分　级
丰安大街	钢城路—平青大路	43	救灾干路
钢城路	迁擂公路—丰安大街	55	救灾干路
平青大路	北外环—纬十街	60	救灾干路
祺光大街	迁擂公路—兴安大街	40	救灾干路
迁雷公路	北外环—平青大路	50	救灾干路
燕山大路 1	北外环—惠泉大街	40	救灾干路
燕山大路 2	惠泉大街—南四环路	50	救灾干路
燕山大路 3	南四环路—纬十一街	54	救灾干路
北外环	迁擂公路—兴安大路	40	疏散干路
阜安大路 1	北外环—钢城东路	40	疏散干路
惠宁大街	迁擂公路—新颖路	43	疏散干路
惠泉大街	阜安大路—经三路	43	疏散干路
经三路 1	南二环路—纬九街	32，40	疏散干路
南二环路 1	燕山大路—丰安大街	43	疏散干路
南四环路	南大坝辅路—平青大路	45	疏散干路
纬九街	燕山大路—平青大路	55	疏散干路
纬七街 1	燕山大路—平青大路	50	疏散干路
兴安大街	大坝辅路—平青大路	28	疏散干路
丰乐大路	北外环—新颖路	31	疏散支路
丰盛路	北外环—明珠街	43	疏散支路
阜安大路 2	钢城东路—南大坝辅路	40	疏散支路
经三路 2	纬九街—纬十二街	32，40	疏散支路
经四路	丰安大路—纬七街	32，40	疏散支路

（续表）

道路名称	起止位置	道路红线（m）	分　级
明珠街	燕山大路—东环路	43	疏散支路
南二环路 2	丰安大街—丰盛路	43	疏散支路
祺福大街	大坝辅路—丰乐大路	25	疏散支路
纬八街 1	阜安大路—经三路	40	疏散支路
纬十街	南大坝辅路—平青大路	50	疏散支路
永顺街	大坝辅路—燕山大路	20	疏散支路
昌盛大路	北外环—永顺街	25	疏散支路
大坝辅路	祺福大街—惠宁大街	20	疏散支路
和平路	永顺街—纬九街	40	疏散支路
花园街	大坝辅路—丰乐大路	20	疏散支路
经五路	南四环路—纬九街	32	疏散支路
南大坝辅路	南四环路—纬十一街	20	疏散支路
纬八街 2	经三路—平青大路	40	疏散支路
纬二街	丰乐大路—东环路	25	疏散支路
纬七街 2	南大坝辅路—燕山大路	50	疏散支路
纬十二街	经三路—纬十一街	20	疏散支路
纬十一街	经三路—纬十街	40	疏散支路
纬一街	丰乐大路—丰盛路	25	疏散支路
新颖路 1	兴安大街—明珠街	12	疏散支路
新颖路 2	明珠街—惠宁大街	18	疏散支路
兴东街	兴安大街—平青大路	28	疏散支路
兆康路	奉安大街—南二环	30	疏散支路
中间路	北外环—惠宁大街	20	疏散支路

表 4–16 河西片区规划应急道路一览表

道路名称	起止位置	道路红线（m）	分 级
钢城西路 2	经六路—经十四路	50	救灾干路
规划高速路	滦河大坝西侧	50	救灾干路
经六路	纬一街—纬八街	43	救灾干路
经十一路	纬一街—钢城西路	40	救灾干路
钢城西路 1	经二路—经六路	30	疏散干路
经十二路	纬一街—纬十二街	35	疏散干路
经十路	纬一街—钢城西路	35	疏散干路
纬七街 1	经六路—经十一路	25	疏散干路
纬三街	经一路—经十二路	43	疏散干路
经三路	纬一街—纬八街	30	疏散支路
经一路	纬一街—经二路	30	疏散支路
纬八街	钢城西路—经十路	20	疏散支路
纬七街 2	经十一路—经十二路	25	疏散支路
纬四街	经二路—经十二路	30	疏散支路
纬一街	经一路—经十二路	35	疏散支路
经八路	纬一街—纬七街	25	疏散支路
经二路	纬二街—纬四街	25	疏散支路
经四路	纬四街—纬八街	25	疏散支路
经五路 1	纬五街—纬六街	20	疏散支路
经五路 2	纬六街—纬八街	25	疏散支路
纬二街	经一路—经十一路	35	疏散支路
纬六街	经五路—经十二路	25	疏散支路
纬五街	经三路—经十二路	30	疏散支路

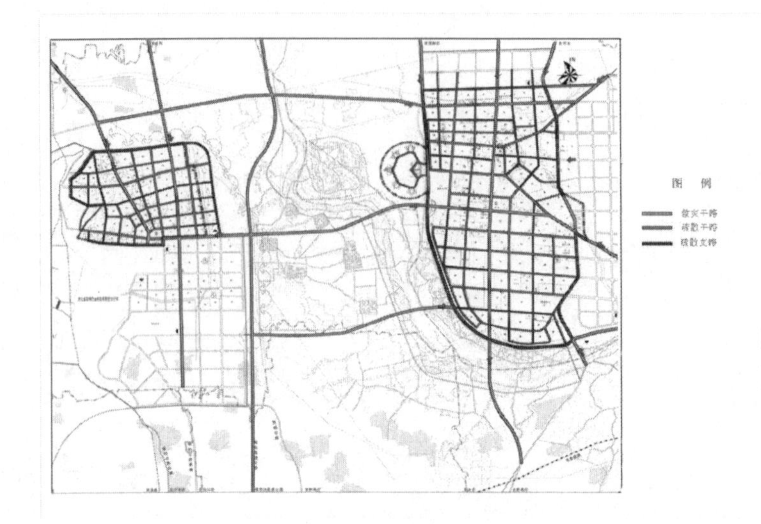

图 4-11 应急道路系统规划图

4.7 次生灾害的防御

次生灾害源点主要是遍布县城交通要道的加油站、天然气站、液化气站、乙炔厂和制氧厂等。

规划将乙炔气厂、制氧厂等有计划地迁到县城边缘。县城建设用地范围内不得再兴建易燃易爆危险品生产及储存单位。汽车加油、加气站选址应符合城市总体规划，加油、加气站的布点应按服务半径不大于 1.5 千米配置。规划区内避难场所相邻的加油站、液化气站、天然气储配站、制氧厂和乙炔厂应栽植隔离缓冲绿化带。

第5章　村镇防灾避难能力评价

我国民政部门认为综合减灾能力主要包括灾前的灾害监测预警能力，抗灾救灾物资储备和技术储备能力，灾中的信息汇总分析发布和应急处置能力，以及灾后的恢复重建能力。村镇防灾避难是临灾预报发布后或灾害发生时，把村镇居民从危险性高的住所、生产或活动场所，紧急转移并安置到预先经过划定并进行规范化管理的，能提供基本生活保障的避难场所。村镇防灾避难能力是村镇综合减灾能力的重要组成部分，是衡量灾时居民能否安全疏散，灾后能否得到转移安置，避难生活能否得到有效保障的能力。

村镇防灾避难能力评价是避难场所规划的前提和依据，防灾避难能力评价指标和方法的研究，对科学规划防灾资源，保护居民生命财产具有重要意义。

5.1 选取评价指标

5.1.1 选取评价指标的原则

5.1.1.1 科学性

科学性是对任何评价指标体系的基本要求，科学性就是要提高评价指标的可靠度和有效度。评价指标必须可靠，有实际作用，才能构成评价标准的基础，否则评价标准就失去了意义。

5.1.1.2 综合性

构成村镇防灾避难能力的因素包括灾前避难场所的规划建设和避难演练，灾时避难疏散组织，以及灾后避难生活的保障等方面。提高村镇防灾避难能力必须同时注重多方面因素，如果不考虑其综合性，其收效可能非常有限。

5.1.1.3 代表性

如果选择所有的因素作为评价指标，既不现实，也没必要。只能选择少数具有代表性的指标，这样才能抓住村镇防灾避难中最重要、最本质的东西，以便能全面地反映防灾避难能力的客观情况，并便于使用和统计。

5.1.1.4 层次性

村镇防灾避难能力评价是一个复杂体系，涉及灾害学、管理学、经济学、社会学等多个学科领域。拟定的评价指标体系应当思路清楚、层次分明，准确地反映避难能力的实际状况。层次性原则是根据选取指标的具体情况划分出不同的层次，可以反映指标体系的复杂程度。

5.1.2 确定评价指标的方法

5.1.2.1 文献调研法

科学研究需要充分地占有资料，进行文献调研为的是掌握有关的科研动态、前沿进展，了解前人已取得的成果、研究现状等。这是科学、有效、少走弯路地进行任何科学工作的必经阶段。

文献调研法就是通过整理文献，搜集与防灾避难能力研究相关的学术论文和调查报告，统计部门发布的统计公报、定期出版的各类统计年鉴、各级政府发布的政策法规等。

5.1.2.2 德尔菲法

德尔菲法（Delphi Method），又称为专家咨询法或专家意见法，是根据系统的程序，对研究对象的发展趋势和状态进行调查、分析和判断的方法。其核心是通过匿名方式进行几轮函询，征求专家们的意见，经过反复多次的信息交流，使意见逐步趋于一致，最终得到一个比较统一的结论或方案。

村镇防灾避难能力评价指标，通过向政府机构、科研院所和高等学校的多位专家征求意见，并在专家指导下完成评价指标的选取。

5.1.2.3 层次分析法

层次分析法（Analytic Hierarchy Process）是指将一个复杂的多目标决策问题作为一个系统，将目标分解为多个目标或准则，进而分解为多指标（或准则、约束）的若干层次，通过定性指标模糊量化方法算出层次单排序（权数）和总排序，以作为目标（多指标）、多方案优化决策的系统方法。

村镇防灾避难能力的评价需要考虑避难疏散的组织管理能力，避难救助资源和基础设施配置等因素。利用层次分析方法的无序结构有序化原理，确定村镇防灾避难能力指标体系的各指标。

5.2 构建评价指标体系

依据选取评价指标的原则，在前人研究的基础上，综合专家意见，构建了村镇防灾避难能力评价指标体系，见表 5-1。该指标体系包括组织管理能力，避难救助资源和应急保障基础设施 3 个一级指标，避难组织、避难管理、避难场所、医疗救助、物资储备、应急消防、应急交通、应急通信、应急供水和应急供电 10 个二级指标以及 17 个三级指标。

表 5-1　村镇防灾避难能力评价指标体系

一级指标	二级指标	三级指标
组织管理能力	避难组织	居民防灾自救组织
	避难管理	防灾减灾教育、培训和演练
		应急疏散预案
避难救助资源	避难场所	紧急避难场所
		固定避难场所
	医疗救助	与应急医疗机构的距离
	物资储备	与物资储备库的距离
		物资的种类和数量
	应急消防	与消防站的距离
		消防水源和器材

（续表）

一级指标	二级指标	三级指标
应急保障基础设施	应急交通	出入口数量
		应急道路系统
	应急通信	应急通信
		应急广播
	应急供水	应急水源
		应急输配水设施
	应急供电	应急供电

5.2.1 组织管理能力

5.2.1.1 居民防灾自救组织

国内外重大灾害救援的实践表明，灾害发生后，外界救援力量没有到达之前，主要依靠居民自救互救。据日本学者估算，1995 年日本阪神大地震中，80% 的被压埋人员是被邻近居民救出的。

日本灾害的自救互救主要依靠自主防灾组织，它依托社区自治组织——町内会、自治会组建，在城市为每几千人设立一个自主防灾组织，町、村为每几百人设立一个。

我国应借鉴日本经验，成立村镇居民防灾自救组织，这也体现了在防灾减灾领域的村民自治原则。防灾自救组织是村镇防灾组织系统中最基层的单位，工作职责是在灾前宣传防灾避难知识，组织避难疏散演练，储存和管理应急物资；灾害发生时，快速收集并上报灾情，组织灾民有序疏散转移，及时处置火灾等次生灾害；灾后负责灾民的避难安置，开展心理救助等。村镇居民防灾自救组织是村镇居民安全避难，减少人员伤亡的重要组织手段。

图 5–1　阪神地震后日本社区自主防灾组织开展救援的情景

5. 2. 1. 2 避难管理

（1）防灾减灾教育、培训和演练

灾害发生时，居民面对灾害的行为及反应是能否成功避难疏散的决定性因素之一。面对灾害的应急反应能力主要体现在防灾减灾意识、避难疏散知识、对灾害的心理承受能力等方面。

图 5–2　遍布日本各地的防灾馆

日本对防灾教育极为重视，建成了由政府、社会团体和个人组成的全社会的防灾教育、培训体系。遍布日本各地的防灾馆，如神户人与防灾未来中心、池袋防灾体验馆、大阪市生野防灾馆、东京本所防灾馆、东京消防博物馆等都免费向公众开放。在这些防灾馆中，市民可以体验地震、暴风雨等灾害来临时的情形，也可以亲自灭火、逃生、为伤员包扎等，使民众有效掌握自救及互救的基本技能。

村镇居民的防灾避难知识和意识，可以通过电视广播、展览馆、纪念馆、学校专业教育、培训和演练等多种途径来获得。

图 5–3　日本小学生在神户人与防灾未来中心外等候参观

（2）应急疏散预案

村镇居民多以家庭为单位活动，组织观念差，集体行动能力弱，减灾意识也较弱。一旦发生地震等重大灾害和事故，如果没有明确的应急疏散管理组织和计划，便会措手不及，进而造成重大人员伤亡和财产损失。

县、乡镇、村各级政府机构应分别制订相应的应急疏散预案，使村镇应急疏散管理有据可依。灾时指导应急疏散迅速、高效、有序地开展，将事故造成的人员伤亡、财产损失和环境破坏降到最低程度。

5. 2. 2 避难救助资源

5. 2. 2. 1 避难场所

（1） 紧急避难场所

指在村镇居民住宅 1000 米的范围内，有绿地、广场、院落、空地等紧急避难场地，为邻近居民提供紧急避难疏散服务。紧急避难场所也是避难人员转移到固定避难场所之前的过渡性避难场所，配置避难人员住宿、医疗、药品储备、应急供水、应急供电、应急厕所、公用电话、疏散通道、应急标识等基本设施。

（2） 固定避难场所

指在村镇居住区 3000 米（或 5000 米）疏散距离以内，具备由乡镇政府机构、绿地、广场、学校、体育场和卫生院等场地改建和新建的中期（长期）固定避难场所。

固定避难场所在紧急避难场所的基础上，增加医疗急救与卫生防疫、生活用品和食品、应急消防、应急洗浴、应急排污、应急垃圾储运、机动车停车场、应急广播、应急通信等综合设施，以便安置灾民中长期住宿，集中接受医疗急救、卫生防疫、物资分配等救助活动。

5. 2. 2. 2 与应急医疗机构的距离

重大灾害会造成一定程度的人员伤亡，在外界救援力量没有到达之前，主要依靠灾区内的医疗机构开展应急医疗救助工作。

如果村镇距离应急医疗机构较远，医护人员缺乏、设备陈旧，可能出现大量伤员因延误治疗而死亡的情况。村镇与医疗机构距离越近，越能依托医疗机构及时救治伤病员。

5. 2. 2. 3 救灾物资

（1） 与物资储备库的距离

灾害发生后，救灾物资的供应是保障灾民避难生活的一个重要环节，与物资储备库的距离直接影响避难生活物资的供应。汶川地震中应急物资储备不足，且因道路阻塞运输困难，影响了震后救援和灾民的避难生活。

图 5–4　大型救灾物资储备库

物资储备库可以设在固定或中心避难场所内，也可以设在城市（县）救灾物资储备仓库及其分库或大型商场的仓库中。

图 5–5　日本村镇防灾物资储备仓库

（2）应急物资的种类和数量

应急物资可以保障避难人员的基本生活，包括食品：饼干（含压缩饼干）、方便面、成品粮、奶粉、饮用水等；生活必需品：毛毯、衣服、床和床上用品、收音机等；防灾设施与器材：帐篷、炊具、担架、发电机、广播器材、消防器材等；医疗设施与药品（含防疫设施与药品）。

图 5-6　应急药品储备

救灾物资数量以避难人数及其变化为主要依据，至少储备灾民三天的用量。

5.2.2.4 *消防资源*

（1）与消防站的距离

我国村镇普遍使用炉灶做饭、取暖，存在着房屋耐火性能差，衣物、柴火等易燃物无序堆放，私接电线等问题。地震等主灾后的次生火灾是对村镇居民威胁最大的次生灾害，提升防灾避难的消防保障能力，需要依托消防站。与消防站距离越近，村镇消防保障能力越强。

（2）消防水源和器材

室外消防栓、消防水池以及灭火破拆工具是村镇内的消防保障资源，对减轻火灾的损失有重要作用。

图 5-7　日本社区防灾会在培训居民使用小型消防装备

5.2.3 应急保障基础设施

5.2.3.1 应急交通

（1）出入口数量

村镇在不同方向有多个出入口，可以避免灾害造成唯一出入口瘫痪，灾民难以向外避难疏散，外面救援力量不能进入的局面。村镇出入口需连接区域性的应急道路。

（2）应急道路系统

应急道路系统是人员疏散、物资运输及消防的通道，由救灾干路、疏散干路和疏散支路组成。通过应急道路可以把避难者安全地引导到避难场所，并为避难者日常生活以及有效地开展救援与消防活动创造便利的交通条件。

依据村镇的规模、位置等，规划村镇居住区与避难救助资源联通的应急道路类型。应急道路系统应有冗余度设置、各级道路有效宽度要求和关键节点防灾措施等应急功能保障措施。

5.2.3.2 应急通信

（1）应急通信

灾害发生后，原有的通信设施遭到严重破坏或系统瘫痪时，为保障灾情情报的传递，需要具备应急通信设施。

图 5-8　汶川地震后设立的临时免费电话站

（2）应急广播

应急广播系统的作用是为避难者提供灾情情报，指导避难行动和避难生活。应急广播配置在避难场所和应急道路，并储存灾时备用电源。

5.2.3.3 应急供水

（1）应急水源

应急水源是灾时生命线系统的重要组成部分，严重灾害造成给水系统中断供水时，避难场所应保障避难人员基本饮用水和医疗用水的供给，主要形式有防灾储水池（罐）、应急水井或储备的矿泉水、纯净水等。

图 5-9　避难场所内的应急水井

（2）应急输配水设施

应急输配水设施包括应急输配水管线、供水车、净水和滤水设备等。

图 5-10　应急供水车

5.2.3.4 应急供电

应急供电系统在灾后避难疏散和救援中能够发挥巨大的作用，如果没有应急供电系统，一切依靠电力运行的设备将失去功效。应急供电包括市政应急供电、移动式发电机组等。

图 5-11　日本工人在避难建筑中检修应急发电机

5.3 基于多层次灰色理论的评价方法

村镇防灾避难能力评价指标是多层次的、复杂的，而且多是定性指标，这使评价者在评价中提供的评价信息不甚确切、不甚完全或者说具有灰色性。因此，运用灰色系统理论对村镇防灾避难能力进行评价非常适宜。

设 U 代表一级评价指标 u_i 所组成的集合，记为 $U=\{u_1, u_2, \cdots, u_i\}$，其中 l 为一级评价指标个数；u_i 代表二级评价指标 u_{ij} 所组成的集合，记为 $u_i=\{u_{i1}, u_{i2}, \cdots, u_{im^i}\}$，其中 m_i 为第 i 个评价指标含有的下一级评价指标个数；u_{ij} 代表三级评价指标 u_{ijk} 所组成的集合，记为 $u_{ij}=\{u_{ij1}, u_{ij2}, \cdots, u_{ijn^{ij}}\}$，其中 n^{ij} 为第 ij 个评价指标含有的下一级评价指标个数。多层灰色评价的具体步骤如下。

5.3.1 确定各层指标的权重

利用层次分析法确定评价指标权重。传统的 1–9 标度一致性和权重拟合性差，指数标度的一致性和权重拟合性很好，计算精度高。采用 $9^{0/9}-9^{8/9}$ 指数标度构造判断矩阵，虽然该标度计算误差较大，但可通过计算机进行求解和一致性检验，有效地控制计算误差。

$9^{0/9}-9^{8/9}$ 指数标度的描述见表 5–2。设求得的一级评价指标 u_i 的权重为 a_i ，各指标权重向量 $A=(a_1, a_2, \cdots, a_l)$ ；二级指标 u_{ij} 的权重为 a_{ij} ，各指标权重向量 $A_i=(a_{i1}, a_{i2}, \cdots, a_{im^i})$ ；二级指标 u_{ijk} 的权重为 a_{ijk} ，各指标权重向量 $A_{ij}=(a_{ij1}, a_{ij2}, \cdots, a_{ijn^{ij}})$ 。

表 5–2　$9^{0/9}-9^{8/9}$ 标度的描述

区别	同样重要	微小重要	稍微重要	更为重要	明显重要	十分重要	强烈重要	更强烈重要	极端重要
$9^{0/9}-9^{8/9}$ 标度	$9^{0/9}$	$9^{1/9}$	$9^{2/9}$	$9^{3/9}$	$9^{4/9}$	$9^{5/9}$	$9^{6/9}$	$9^{7/9}$	$9^{8/9}$

5.3.2 制定第三级指标评分等级标准

评价指标 u_{ijk} 是定性指标，可以通过制定评价指标评分等级标准实现定性指标的定量化。如居民防灾自救组织可划分为优、良、中、差，并赋予一定分值，分值越大表示指标等级越好。

5.3.3 评分并确定评价矩阵

设评价者序号为 $h(h=1, 2, \cdots, p)$ ，组织 p 个评价者对受评者按评价指标 u_{ijk} 打分，得分为 d_{ijkh} ，求得评价样本矩阵 D 。

$$D=\begin{bmatrix} d_{1111} & d_{1112} & \cdots & d_{111p} \\ d_{1121} & d_{1122} & \cdots & d_{112p} \\ & & \vdots & \\ d_{lm^ln^{lm}1} & d_{lm^ln^{lm}2} & \cdots & d_{lm^ln^{lm}p} \end{bmatrix} \begin{matrix} u_{111} \\ u_{112} \\ \vdots \\ u_{lm^ln^{lm}} \end{matrix}$$

5.3.4 确定评价灰类

设评价灰类序号为 e ($e=1, 2, \cdots, g$)，即有 g 个评价灰类，可视具体情况选取一定的白化权函数来描述灰类。

5.3.5 计算灰色评价系数

对评价指标 u_{ijk} ，受评者属于第 e 个评价灰类的灰色评价数，记为 X_{ijke} ，则有：$X_{ijke}=\sum_{h=1}^{p}f_e(d_{ijkh})$ ；f_e 为评价灰类 e 的白化权函数。由此得到对评价指标 u_{ijk} ，受评者属于各评价灰类的总灰色评价系数 X_{ijk} ，$X_{ijk}=\sum_{e=1}^{g}X_{ijke}$ 。

5.3.6 计算灰色评价权向量及权矩阵

对评价指标 u_{ijk} ，所有评价者主张受评者属第 e 个灰类的灰色评价权记为 r_{ijke} ，则有 $r_{ijke}=\frac{X_{ijke}}{X_{ijk}}$ 。由于有 g 个灰类，因此，受评者评价指标 u_{ijk} 的灰色评权向价量为 r_{ijk} ，$r_{ijk}=(r_{ijk1}, r_{ijk2}, \cdots, r_{ijkg})$ 。将受评者的 u_{ij} 所属指标 u_{ijk} 对于评价灰类的灰色评价权向量综合后，得到 u_{ij} 所属指标 u_{ijk} 对于各评价灰类评价权矩 R_{ij} ：

$$R_{ij}=\begin{bmatrix} r_{ij1} \\ r_{ij2} \\ \vdots \\ r_{ijn^{ij}} \end{bmatrix}=\begin{bmatrix} r_{ij11} & r_{ij12} & \cdots & r_{ij1g} \\ r_{ij21} & r_{ij22} & \cdots & r_{ij2g} \\ & & \vdots & \\ r_{ijn^{ij}1} & r_{ijn^{ij}2} & \cdots & r_{ijn^{ij}g} \end{bmatrix}$$

5.3.7 多层灰色综合评价

（1）对 u_{ij} 综合评价，其综合评价结果可记为 B_{ij} ，则有：

$$B_{ij}=A_{ij}\cdot R_{ij}=(b_{ij1}, b_{ij2}, \cdots, b_{ijg})$$

（2）对 u_i 作综合评价，由 u_{ij} 的综合评价成果 B_{ij} ，得受评者 u_i 所属指标 u_{ij} 对各评价灰类的灰色评价权矩阵 R_i ：

$$R_i = \begin{bmatrix} B_{i1} \\ B_{i2} \\ \vdots \\ B_{im^i} \end{bmatrix} = \begin{bmatrix} b_{i11} & b_{i12} & \cdots & b_{i1g} \\ b_{i21} & b_{i22} & \cdots & b_{i2g} \\ & & \vdots & \\ b_{im^i1} & b_{im^i2} & \cdots & b_{im^ig} \end{bmatrix}$$

于是，对受评者的 u_i 作综合评价，其评价结果为 B_i ，则有：

$$B_i = A_i \cdot R_i = (b_{i1}, b_{i2}, \cdots, b_{ig})$$

（3）对 U 作综合评价，由 u_i 的综合评价结果 B_i ，得受评者的 U 所属指标 u_i 对各评价灰类的灰色评价权矩阵 R ：

$$R = \begin{bmatrix} B_1 \\ B_2 \\ \vdots \\ B_i \end{bmatrix} = \begin{bmatrix} b_{11} & b_{12} & \cdots & b_{1g} \\ b_{21} & b_{22} & \cdots & b_{2g} \\ & & \vdots & \\ b_{i1} & b_{i2} & \cdots & b_{ig} \end{bmatrix}$$

于是，对受评者的 U 作综合评价，其综合评价结果记为 B ，则有：

$$B = A \cdot R = (b_1, b_2, \cdots, b_g)$$

5.3.8 计算综合评价值

受评者综合评价结果 B 是一个向量，表示受评者综合状况分类程度的描述，对 B 应进一步处理，使其单值化，即计算出受评者的综合评价值 W 。设将各灰类等级按“灰类水平”赋值，即第一类取 d_1 ，第二类取 d_2……第 g 类取 d_g ，可以得到各评价灰类等级值化向量 $C = (d_1, d_2, \cdots, d_g)$ 。于是，就可求得受评者的综合评价 W ：$W = B \cdot C^T$ 。求出 W 值后，就可根据其大小判断防灾避难能力的强弱，值越大说明评价越好，防灾避难能力越强。

5.4 评价实例

利用以上评价方法对第四章的某县城镇防灾避难能力进行评价。

（1）确定各层指标权重。结合专家意见，采用指数标度方法，构造判断矩阵，这里只给出一级指标判断矩阵 C 如下：

$$C=\begin{bmatrix}9^{0/9} & 9^{-7/9} & 9^{-3/9}\\ 9^{7/9} & 9^{0/9} & 9^{4/9}\\ 9^{3/9} & 9^{-4/9} & 9^{0/9}\end{bmatrix}$$

运用 Matlab 软件编程求解权重向量 $A=(0.1162, 0.6420, 0.2418)$，并通过了一致性检验。同理可以求得 $A_1 - A_{34}$。

(2) 制定如表 5-3 所示的第三级评价指标 u_{ijk} 的评分等级标准。

表 5-3 村镇防灾避难能力评价指标评分等级标准

评 分	10.0 ~ 8.0	8.0 ~ 6.0	6.0 ~ 4.0	4.0 ~ 2.0	2.0 ~ 0.0
评价指标性能	优	良	中	低	差

(3) 确定评价矩阵。邀请 5 位专家按评分等级标准进行打分，见表 5-4，得到评价样本矩阵 D（部分值）。

表 5-4 专家评价打分表

指 标	专家 1	专家 2	专家 3	专家 4	专家 5
居民防灾自救组织（分）	0	0	0	0	2
防灾减灾教育、培训和演练（分）	3	2	4	3	0
应急疏散预案（分）	6	5	6	5	5
紧急避难场所（分）	7	6	7	6	8
固定避难场所（分）	6	5	7	6	8
与应急医疗机构的距离（分）	10	9	10	10	7
与物资储备库的距离（分）	10	9	10	10	7
物资的种类和数量（分）	6	5	4	4	3
与消防站的距离（分）	9	10	10	9	8
消防水源和器材（分）	6	5	6	5	4
出入口数量（分）	10	10	9	10	10
应急道路系统（分）	10	10	10	10	9
应急通信（分）	10	10	9	10	7

（续表）

指　标	专家 1	专家 2	专家 3	专家 4	专家 5
应急广播（分）	0	0	0	0	3
应急水源（分）	8	9	8	9	6
应急输配水设施（分）	6	5	5	5	7
应急供电（分）	7	8	7	8	6

$$D=\begin{bmatrix} d_{1111} & d_{1112} & d_{1113} & d_{1114} & d_{1115} \\ d_{1211} & d_{1212} & d_{1213} & d_{1214} & d_{1215} \\ & & \vdots & & \\ d_{3411} & d_{3412} & d_{3413} & d_{3414} & d_{3415} \end{bmatrix}=\begin{bmatrix} 0 & 0 & 0 & 0 & 2 \\ 3 & 2 & 4 & 3 & 0 \\ & & \vdots & & \\ 7 & 8 & 7 & 8 & 6 \end{bmatrix}$$

（4）确定评价灰类。选取“优”“良”“中”“低”“差”五级，对应的灰数及白化权函数：第一灰类“优”，其白化权函数为 $f_1(x)$（如图 5-12①所示）；第二灰类“良”，其白化权函数为 $f_2(x)$（如图 5-12②所示）；第三灰类“中”，其白化权函数为 $f_3(x)$（如图 5-12③所示）；第四灰类“低”，其白化权函数为 $f_4(x)$（如图 5-12④所示）；第五灰类“差”，其白化权函数为 $f_5(x)$（如图5-13⑤所示）。

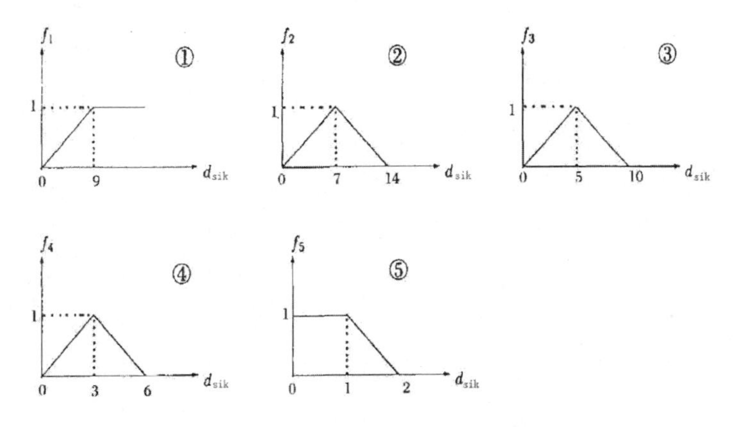

图 5-12　各灰类白化权函数

（5）计算灰色评价系数。根据前述计算灰色评价系数方法，对评价指标

u_{111}，受评者属于第一灰类的灰色评价系数为：

$$u_{1111}=f_1(0)+f_1(0)+f_1(0)+f_1(2)=0/9+0/9+0/9+0/9+2/9=0.2222$$

同理可知其属于第二灰类的灰色评价系数 $u_{1112}=0.2857$，第三灰类的灰色评价系数 $u_{1113}=0.4$，第四灰类的灰色评价系数 $u_{1114}=0.6667$，第五灰类的灰色评价系数 $u_{1115}=4$，这样可以得出受评者就评价指标 u_{111} 属于各评价灰类的总灰色评价数 $X_{111}=5.5746$，其他总灰色评价数略。

（6）计算灰色评价权向量及权矩阵。所有评价者就评价指标 u_{111}，主张受评者属各灰类的灰色评价权向量为：$r_{111}=(0.0399, 0.0513, 0.0718, 0.1196, 0.7175)$，其他略。

将受评者的 u_{11} 所属指标对于评价灰类的灰色评价权向量综合后，得到 u_{11} 所属指标对于各评价灰类的灰色评价权矩阵 R_{11}（同理可得到 $R_{12}-R_{34}$）：

$$R_{11}=[0.0399, 0.0513, 0.0718, 0.1196, 0.7175]$$

（7）多层灰色综合评价。对受评者的 u_{11} 作综合评价，其评价结果可记为 B_{11}（同理可得到 $B_{12}-B_{34}$）：

$$B_{11}=A_{11}\cdot R_{11}=(0.0399, 0.0513, 0.0718, 0.1199, 0.7175)$$

对 u_1 作综合评价，由 u_{1j} 的综合评价成果 B_{1j}，得受评者 u_1 所属指标 u_{1j} 对各评价灰类的灰色评价权矩阵 R_1（同理可得到 R_2-R_3）；对受评者的 u_1 作综合评价，其评价结果为 B_1。则有：

$$R_1=\begin{bmatrix}R_{11}\\R_{12}\end{bmatrix}=\begin{bmatrix}0.0399 & 0.0513 & 0.0718 & 0.1196 & 0.7175\\0.1523 & 0.1959 & 0.2644 & 0.3009 & 0.0866\end{bmatrix}$$

$$B_1=A_1\cdot R_1=(0.1158, 0.1489, 0.2018, 0.2420, 0.2914)$$

对 U 作综合评价，由 u_i 的综合评价结果 B_i，得受评者的 U 所属指标 u_i 对各评价灰类的灰色评价权矩阵 R，U 综合评价结果记为 B，则有：

$$B=A\cdot R=(0.3693, 0.3349, 0.2014, 0.5693, 0.0374)$$

（8）计算综合评价值。按前述方法，得各种评价灰类等级值化向量 $C=[10\quad 8\quad 6\quad 4\quad 2]$，于是可以得到该县城镇防灾避难能力的综合评价值：

$$W=B\cdot C^{T}=7.8841$$

由此可见，该县城镇防灾避难能力属于“良”灰类，对其评价结果专家较赞同。

第 6 章　村镇地震次生火灾风险分析

地震次生火灾是指由地震直接或间接引发的火灾，是最易发生，也是最危险的地震次生灾害之一。

1906 年美国旧金山地震后，由于烟囱倒塌、火炉翻倒，导致全市 50 多处起火，烧毁面积约 10 平方千米，火灾造成的损失是地震直接损失的 3 倍。1923 年日本关东地震发生在中午，横滨市 200 多处同时起火，全市 80% 的房屋被火灾烧毁；东京市 136 处同时起火，被火灾烧毁房屋户数为当时总户数的 70%，烧死 5.6 万人。

我国多次地震灾害后也发生过严重火灾。1739 年宁夏平罗、银川地震，“火起延烧彻夜，官弁军民马匹被焚压死者甚多”。1925 年云南省大理地震，“烈焰烛天，……，共延烧三百余家”。“火延各处，城内绣衣街一带，完全烧毁。” 1975 年海城地震引发 60 余处同时起火，地震后多处避难窝棚发生火灾，烧死 400 余人，占地震死亡人数的 1/3 左右。1976 年唐山地震，也有房屋倒塌打翻炉火引发火灾致全家丧生的案例。

6.1 村镇防火存在的问题

我国村镇普遍使用炉灶做饭、取暖，存在着房屋耐火性能差，衣物、柴火等易燃物无序堆放，私接电线，侵占消防通道等问题，一旦地震来袭，极易引发次生火灾并迅速蔓延。

在村镇受地震次生火灾严重威胁的同时，消防还处在很低的水平。目前，全国 90% 以上的村镇缺乏必要的消防水源和消防器材，绝大多数村镇没有消防力量，居民缺乏基本的消防安全常识和避难逃生技能。

6.1.1 房屋抗震能力差

我国村镇房屋绝大多数为村民自建，在抗震知识缺乏和经济条件的制约下，往往采用最少的材料或最廉价的材料建房，力求利用有限的资金获得尽可能大的建筑面积。

图 6-1 劣质建筑材料难以保障房屋结构安全

没有抗震设计、施工质量差是村镇房屋普遍存在的问题，一旦地震来袭，容易出现房倒屋塌的现象。如 2008 年汶川地震极重灾区和重灾区的 1271 个乡镇，1.5 万个行政村中，有超过 1500 万间房屋倒塌和破坏。

图 6-2 没有抗震构造措施的村镇房屋随处可见

图 6–3　村镇房屋施工少有正规施工队伍

房屋震害分析表明，土木结构、砖木结构的房屋抗震能力较差。围护墙体与承重木构架无拉结，屋盖系统的整体性差，使这些房屋在地震中倒塌或破坏。倒塌的易燃建筑材料一旦被炉火等引燃，就会发生火灾并可能蔓延。

图 6–4　汶川地震中倒塌的砖木结构的房屋

6. 1. 2 房屋耐火等级低

木结构、土木结构、砖木结构的房屋在我国村镇还有不小的比例，这些结构中的木柱、木梁、木檩条等承重构件以及木门窗和覆盖屋面的秫秸等均为易燃、可燃材料，致使这些房屋的耐火等级较低。

6.1.3 房屋防火间距不足

村镇农民自建房屋没有正规规划、设计，户与户之间密集成片相连，很少考虑房屋的防火间距和防火分隔问题，容易造成一家失火，多家受灾的局面。院落布置杂乱，住宅房屋往往与火灾危险性大的粮仓、养殖棚等毗邻，随意堆放易燃物品的现象也很普遍。乡镇企业的厂房有许多是简易建筑，大量使用可燃建筑材料，与周边居民住宅之间很少有防火分隔措施。

图 6-5 地震房屋倒塌堵住狭窄的村内街道

6.1.4 易燃物随处堆放

村镇居民往往将粮食、食用油等储存在杂物房或厨房内，北方村镇也有将生活和取暖用的可燃材料堆放在室内的习惯。在自家院内，门前屋后堆放柴草、玉米秆等可燃物的现象在农村地区很普遍。另外，随着农用机械和交通工具的增加，使用和储存汽油、柴油等易燃液体的数量增多，并且随意存放在院内。这些随处可见的大量的易燃、可燃物增大了村镇的火灾隐患。

图 6–6　房前屋后堆放易燃物

6.1.5 违章用电现象突出

在经济条件制约和安全用电知识缺乏的情况下，村镇违章用电问题比较突出。如多数村镇房屋电线采用明线布置；电线老化现象普遍，有的线路老化后绝缘层开裂了仍在使用；乱拉、乱接电线现象突出。违章用电不但容易引发电器火灾事故，也加大了地震次生火灾的风险。

图 6–7　室内乱拉电线且采用明线布置

6.1.6 缺乏基本消防设施

我国大部分村镇地区没有设消防站、消防点，有的村镇距离消防站几十千米，有的村镇还没有建立义务消防队。有的村镇有天然消防水源，但道路狭窄，路面不平，而且绝大所数村镇没有环形路，不利于消防车辆入村扑救火灾。

6.2 地震次生火灾的特征

大量村镇地震次生火灾案例表明，火灾不仅发生突然并且往往多处同时起火，加上存在大量可燃物，使火灾容易失控并快速蔓延，形成复杂的火灾局面。在消防通道不畅、消防设施缺乏和供水管道破坏的情况下，使火灾难以扑救。

6.2.1 次生火灾起火点多

（1）炉火溢出起火

村镇普遍使用炉灶做饭、取暖。地震使炉灶、烟囱翻倒或被房屋坠落物砸坏，炉火溢出引燃可燃物。1975 年海城地震，炉火引起的火灾高达全部火灾案例的 53%。

（2）电线、电器起火

村镇房屋普遍缺乏正规设计和施工，加上安全用电知识不足。电线私拉、明敷、裸接等现象突出，有些甚至沿着可燃物敷设电线。地震时，电线、电器会随房屋破坏发生短路、断路，引燃可燃物。

（3）房屋倒塌起火

历史震害表明，房屋结构的抗震能力越差，地震造成的破坏就越严重，从而发生地震次生火灾的概率越高。地震造成房屋倒塌，建筑构件碰撞产生的火花可引燃油料等可燃物，房屋内部可燃建筑材料直接暴露也容易引起火灾蔓延。

图 6–8　地震中房屋倒塌起火

6.2.2 火灾迅速蔓延

村镇火灾迅速蔓延主要与以下因素有关。

（1）房屋耐火等级低

村镇房屋中，砖木结构仍占较大比例，在部分经济欠发达地区仍用木材、茅草等可燃材料建房。村镇房屋的耐火等级一般只有三、四级，使火灾容易在房屋内和房屋间蔓延。

图 6–9　日本阪神地震次生火灾在住宅区迅速蔓延

（2）易燃物随处堆放

受传统观念和经济因素影响，居民习惯将粮食、柴草、饲料和垃圾等与房屋相邻堆放，一旦发生火灾极易蔓延。

（3）油品泄漏

随着农用机械和交通工具使用量的增加，村镇使用和储存汽油、柴油等易燃油品数量增多，并有随意存放在庭院中的现象。地震时，油品因容器翻倒、破损而泄漏，遇明火引发火灾并可能发生爆炸。

（4）房屋防火间距小

根据《村镇建筑设计防火规范》的规定，耐火等级同为三级的建筑物应至少保留 8 米的防火间距。村镇房屋很少能满足这一要求，有的房屋建造时就未留防火间距，使火焰容易通过接触、辐射和对流等方式蔓延。

（5）消防通道不畅

村镇道路密度较低，多数不能形成环形，而且堆放的杂物、柴草及违章建筑占用消防通道现象普遍。火灾发生后消防车难以直接驶入村庄，扑灭火灾难度加大。

图 6–10　消防通道不畅消防队员“接龙”灭火

（6）消防设施缺乏

村镇多年来一直是消防管理的薄弱地区，绝大多数村庄未建立各种形式的消防队，没有安装消防栓或设置固定消防水池，也没有取水设施，使火灾难以得到及时有效的扑救。

6.3 地震次生火灾的链式演化模型

地震是一种突发性的灾害，它能通过各个事件与环境以及事件节点间的相互联系、相互作用形成地震灾害链。

村镇地震后，电线短路产生的火花，炉灶破坏溢出的炉火，以及房屋倒塌碰撞产生的火星等，可能引燃遍布各处塌落的木料、茅草，泄漏的汽油、柴油和堆积的粮食、柴草、饲料等可燃物，形成多个初始起火点。

村镇火灾蔓延分为两个过程，即单栋房屋内的火蔓延和房屋间的火蔓延。

单栋房屋内的火蔓延主要通过火焰接触可燃建筑材料、粮食、衣服、被褥等引燃的方式。

房屋间的火蔓延有辐射引燃、对流引燃、飞火引燃三种蔓延方式。由于村镇房屋震后倒塌，房屋间距过小和耐火等级低等原因，火焰可以通过辐射和对流等短距离的蔓延方式，从起火房屋迅速蔓延。另外，由于木结构、土木结构和砖木结构的房屋仍大量存在，也有可能通过飞火这种长距离的蔓延方式蔓延。村镇地震次生火灾的链式演化模型如图 6-11 所示。

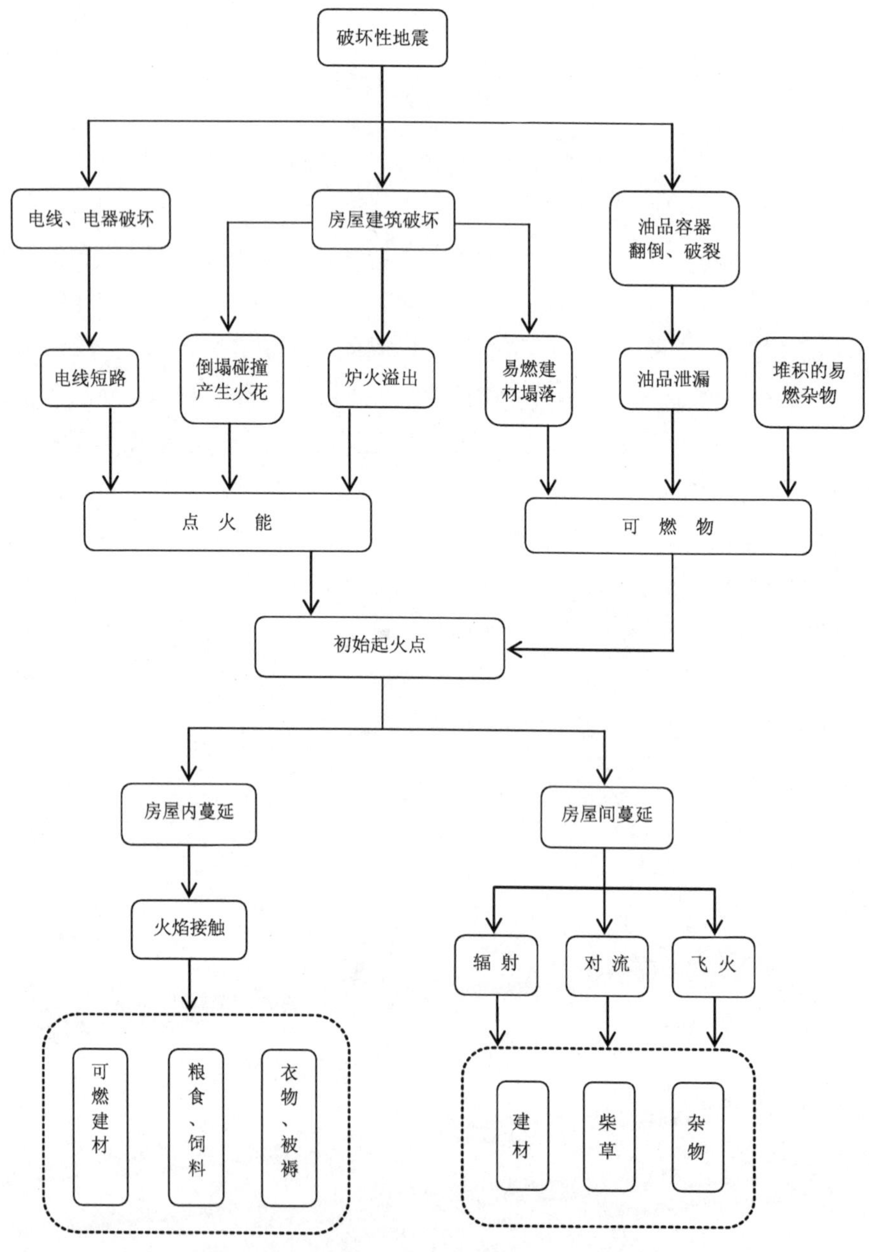

图 6-11 村镇地震次生火灾链式演化模型

第 7 章　地震灾害卫生防疫

据《中国灾荒史》记载，从公元 1 年到 1937 年，我国有记载的成灾瘟疫共 235 次。其中，陕西省华县地震死亡的 83 万人中，有 70 多万人死于瘟疫。山东郯县地震后，“凡值村落之处，腥臭之气达于四处。暴雨烈日，瘟疾随作，人民流散”。记述了严重地震灾害后疫病流行，灾民大量死亡的惨状。1976 年唐山地震后，出现瘟疫蔓延的苗头，灾区肠炎、痢疾患病率是其他年份同期的几十倍。在迅速采取有效防疫措施后，控制了疫情，实现了“大灾之后无大疫”。

严重地震灾害发生后，环境卫生条件恶化，必须考虑影响瘟疫发生与蔓延的多种因素，实施有效的卫生防疫措施。

7.1 地震诱发疫病的原因

严重地震灾害后，容易形成瘟病发生与蔓延的环境与条件。

图 7–1　地震后房屋倒塌形成的废墟

严重地震灾害往往造成城乡生命线系统严重破坏，特别是给排水系统瘫痪，灾民暂时失去饮用自来水、开水的条件。废墟和垃圾遍地，脏水存积，夏季蚊蝇滋生，有可能爆发肠炎、痢疾、霍乱等疾病。

严重灾害造成人员伤亡与经济损失，灾民普遍遭受严重心理创伤，生活处于衣、食、住困难，又缺医少药的灾时状态，身体抵御疾病的能力明显降低。一旦发生瘟病，易于传播、蔓延。

有些严重地震灾害造成数万，甚至几十万人死亡，如果尸体掩埋不及时、掩埋地点和方法不当，也会成为瘟病的诱发源。

此外，震后居民在避难场所集体避难，会遇到许多难以克服的生活难题，干扰正常的生活，致使避难者睡眠不足，食欲不振，精神不佳。而且由于集体避难，几十人、上百人甚至更多人处于同一生活空间，一旦发生疫病，容易以空气为媒介或直接接触而快速传染。

7.2 唐山、汶川大地震震后疫情形势

7.2.1 唐山地震后疫情形势

1976 年 7 月 28 日发生的唐山大地震，死亡 24 万余人，受伤 70 余万人、唐山中心区 90% 以上的建筑倒塌，灾区大批卫生防疫人员伤亡、设备毁坏，整个卫生防疫体系瘫痪。

图 7-2 唐山地震后的市中心区

大地震严重破坏了城乡给排水系统，饮用水不洁，下水堵塞。而且，地震发生在夏季，气温较高且阴雨连绵，有瘟疫发生与疾病蔓延的气候环境。

7.2.1.1 震后环境卫生条件极差

房屋倒塌、水源断绝、厕所和城乡给水排水系统全部摧毁。未清理的大量遇难者尸体在腐烂、发臭，垃圾、粪便不能及时外运，加上暑热和大量降雨，蚊蝇滋生。

7.2.1.2 疫病源形成并快速扩散

大量蚊蝇滋生及生物腐败物严重地污染了饮用水。由于饮水供应短缺，震后两三天内灾民主要饮用坑、洼、池的积水。饮水中的大肠杆菌超过国家饮水卫生标准的几十倍。

7.2.1.3 以菌痢、肠炎为主的传染病呈高发态势

震后两三天，发现肠炎、痢疾蔓延的苗头，震后一周达到高峰。唐山市中心区的患病率超过10%，农村和矿区达15% ~36%，是其他年份同期的几十倍。菌痢、肠炎等已经成为地震后最主要的次生灾害。震后肠炎、痢疾患病率的统计见表7-1。

表7-1 震后肠炎、痢疾发病率调查表

调查地点	调查时间	患病率（%）		
		肠炎	痢疾	合计
古冶、赵各庄	8月9日	10.7	5.2	15.9
路南区乔屯居民委员会	8月10日	4.3	6.5	10.8
东缸窑下庄等地	8月10日	5.5	14.7	20.2
唐山市水泥厂附近	8月14日	4.3	6.5	10.8
东矿区西兴居民委员会	8月17日	11.5	4.3	15.8
东矿区部分居民委员会	8月28日	17.5	18.6	36.1
丰南县城关第二居民委员会	8月10日	9.0	10.0	19.0
丰润县大茹庄	8月28日～ 7月28日	23.1	6.9	30.0
丰润县丰登坞	同上	16.1	5.7	21.8

7.2.2 汶川地震卫生防疫的问题

汶川地震死亡6.92万人、失踪1.79万人、受伤37.46万人。地震造成灾区大量人员和动物死亡，大量食物腐败，垃圾、粪便不能及时清运，蚊、蝇、虫、鼠等病媒生物大量繁殖，多种致病微生物滋生。

7.2.2.1 防疫工作量大

地震造成都江堰、什邡、北川、青川等多个重灾区，受灾面积数倍于唐山。而且，震害不仅发生在北川县城、映秀镇、汉旺镇等人口集中的地区，也广泛发生在高山、深沟、河谷等人口稀少的乡村，许多地方地广人稀，无论是防疫工作量还是防疫难度都大于唐山。

图7-3 村镇房屋大量倒塌

7.2.2.2 环境卫生条件差

地震造成灾区垃圾运输和排污系统普遍破坏。粪便、垃圾堆积，污水四溢，蚊蝇滋生；来不及清理的人畜尸体迅速腐败；临时安置点人群密度大，流动性大，食物饮水供应不足，卫生条件差。

7.2.2.3 饮水、饮食卫生问题严重

地震使城乡集中式供水设施遭受严重破坏，乡村分散式供水的水井井壁

坍塌、井管断裂或错开、淤沙等，水源水质遭受不同程度的污染；原有的粮食、食品被掩理，外地供应的食品由于时间长、环节多，污染和霉变现象普遍。

图 7–4　水质遭受污染

7.2.2.4 防疫系统瘫痪

震后传染病网络直报系统瘫痪，常规免疫接种工作中断，极重灾区已不能开展实验室检验工作。

图 7–5　汶川地震中倒塌的医院

表 7-2　唐山和汶川地震震后疫情形势对比表

类　目	唐山地震	汶川地震
时间地点	1976 年 7 月 28 日，河北唐山	2008 年 5 月 12 日，四川汶川
受灾区域	重灾区主要集中在唐山市城区，面积约 3 万平方千米	极重灾区为 10 个县（市），重灾区为 11 个县（市、区），重灾区面积约 13 万平方千米
伤亡情况	死亡 24.25 万人、受伤 70.86 万人	死亡和失踪 8.71 万人、受伤 37.46 万人
救援条件	地处平原，重灾区相对狭小，人口密度高，防疫范围较小	多为高山峡谷，交通不便且被地震破坏严重。重灾区分散，防疫范围大
疫病源	污物和垃圾堆聚；大量遇难者遗体腐烂、发臭；蚊蝇滋生，生物腐败污染饮用水	垃圾堆积，污水四溢；人畜尸体迅速腐败；蚊、蝇、虫、鼠等病媒生物大量繁殖
疫情	震后第三天，肠、胃消化系统传染病发生，并迅速蔓延，在震后一周左右达到高峰	报告病例多为虫咬性皮炎、呼吸道症状和腹泻，未发生与地震相关的传染病暴发

7.3 唐山和汶川震后防疫措施对比

从应急卫生防疫力量的组织和使用，饮用水质检测和消毒，遇难者遗体的处理，消杀灭工作，免疫接种以及治理环境卫生等方面，比较两次大灾之后的卫生防疫措施。

7.3.1 唐山震后防疫措施

唐山地震发生在“文革”末期，在防疫条件较差，拒绝国际援助，且没有成功经验可以借鉴的情况下实现了“大灾之后无大疫”。

7.3.1.1 防疫力量的组织和使用

抗震救灾指挥部于震后第 6 天成立防疫领导小组，制定《防疫工作计划》。命令 7 个省、市、自治区和河北省非灾区的城市各组成一支卫生防疫队。各省、市、自治区防疫人员的人数见表 7-3。

表 7-3　调派的防疫队员人数

省、市、自治区	防疫队员人数（人）
河北省	526
辽宁省	141
江西省	123
黑龙江省	121
甘肃省	120
广东省	100
宁夏回族自治区	76
卫生部	25
上海市	15
合计	1247

图 7-6　震后卫生人员展开防疫工作

震后，共调集 1200 余名防疫人员、5 万多件（台、架）防疫器材、近 1400 吨消杀药剂和 1500 万人份疫（菌）苗。调拨的防疫灭病药品与器材见表 7-4。

表 7-4　调拨的防疫药品与器材

器材与药品	数量	器材与药品	数量
喷雾消毒车	31 台	汽油与手动喷雾器	1900 多架
家用喷雾器	5 万件	漂白粉	363. 6 吨

（续表）

器材与药品	数量	器材与药品	数量
可湿性 666 粉	416.0 吨	来苏水	126.1 吨
敌敌畏油剂	3.0 吨	敌敌畏乳剂	244.0 吨
哈拉宗	36.7 吨	滴滴涕乳剂	84.0 吨
氯胺丁	6.0 吨	马拉硫磷	34.8 吨
绿菊喷射剂	1.5 吨	百治屠	0.5 吨
敌百虫	24.0 吨	二线油	8.0 吨
杀螟松	26.6 吨	疫（菌）苗	1500 万人份

图 7–7　地震后空运到唐山的药品、医疗器材

7.3.1.2 ***保护水源与饮用水消毒措施***

饮用水是传播肠道传染病的主要途径。因此，保护水源、进行饮用水消毒可以减少乃至消除肠炎、痢疾等传染病。中心区的固定水源由部队保护，并定时消毒；流动送水车设消毒员，逐车消毒；坚持用“净水龙”（哈拉宗）消毒家用缸水、桶水；给水系统恢复后，自来水公司按饮用水的卫生标准管理自来水。

在农村修复了震坏的机井和简易的自来水系统，对大口井清掏、消毒；举办各级消毒员培训班，唐山地区的 66000 多眼水井普遍用漂白粉消毒。在灾区城乡群众的生活初步稳定后，提倡饮用开水，注意饮食卫生。

7.3.1.3 清理遇难者遗体

唐山市抗震救灾指挥部成立了清尸防疫办公室。唐山市中心区组成了2000 多人的清尸队伍。挖出埋葬在距离水源、供水管线、避难场所（简易房、窝棚）100 米以内的尸体，对原有的坟坑进行消毒。将尸体重新埋葬在距市中心区 5 千米以外的地区，埋葬深度为 1.5 米。唐山市中心区共清尸 52410 具，唐山地区各县清尸 18300 具。

另外，还清理了被砸死的牲畜腐尸和埋压在唐山市冷冻食品厂倒塌冷冻库废墟下，已经腐烂变质的 2500 吨猪肉、100 吨羊肉和 150 吨鱼虾和蛋类。

7.3.1.4 飞机喷洒药物杀灭蚊蝇

震后 12 天开始用飞机喷洒药物，一种是杀虫剂稀释液，共喷洒 95 架次，喷洒面积 1667 公顷；另一种是超低容量杀虫剂原液，共 46 架次，喷洒面积 26600 公顷。

图 7-8　震后飞机喷洒防疫药物

飞机喷洒药剂杀灭蚊蝇效果明显，表 7-5 给出了第一次（1976 年 8 月 8 日）飞机喷洒药剂后唐山火车站等 4 个市中心区观察点苍蝇数量的变化。尽管不同的观测地点第一次喷洒药剂后苍蝇的减少率不同，但至少可以减少 65%，有一半的观测点达到 90% 以上。

表 7–5　第一次用飞机喷洒药剂后苍蝇密度的变化

观察地点	喷洒药剂前苍蝇密度（只/m^2）	第一次飞机喷洒药剂后苍蝇密度（只/m^2）	减少率（%）
唐山火车站	580	17	97.1
复兴路	135	39	71.1
马家屯街	255	25	90.2
韩家后街	131	45	65.7

7.3.1.5 普遍进行免疫接种

卫生部门科学地分析了唐山灾区震前 10 年和震后可能出现的疫情，明确了历年的传染病中，震后有可能发生的只有几种，并研究了这些传染病的特性、流行的时间，采取了综合预防措施。

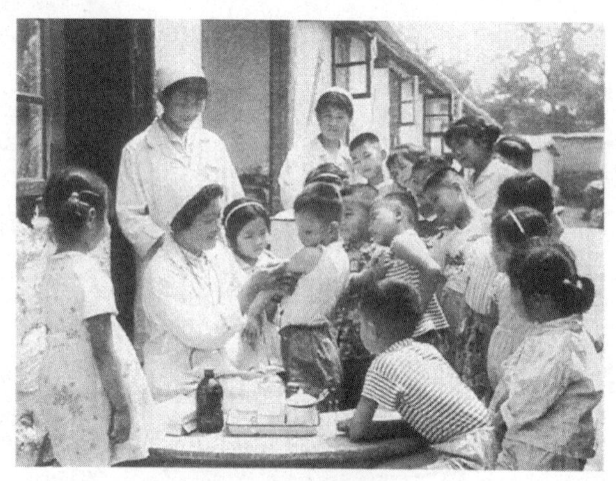

图 7–9　震后儿童接受免疫接种

唐山地震后几天内接种了 80 万人份的伤寒菌苗和 20 万人份的流行性乙脑疫苗。在震后一年多的时间内，唐山地区 700 万人口普遍接种了各类疫（菌）苗。唐山地区接种疫（菌）苗情况见表 7–6。

表 7-6　1976-1977 年唐山地区接种疫（菌）苗情况

疫（菌）苗种类	计划接种（万人份）	实际接种（万人份）	接种率（%）	接种对象或地域
流感疫苗	450	400	88.9	成年人
流脑菌苗	210	200	95.2	儿童
乙脑疫苗	156	150	96.2	儿童
牛痘苗	140	140	100.0	整个地区
伤寒四联	140	120	85.8	唐山市与重灾县
麻疹疫苗	110	100	90.9	麻疹易感儿童
小儿麻痹糖丸	90	85	94.4	儿童
霍乱疫苗	58	50	86.2	重点人群成年人
百白破菌苗	45	40	88.9	重点县区
伤寒三联	38	30	79.0	重点县区
伤寒五联	22	20	90.9	重灾县
痢疾噬菌体	8	10	125.0	痢疾患者
合计	1467	1345	91.9	

7.3.1.6 及时医治传染病患者

发现痢疾、肠炎的蔓延趋势后，控制传染源，堵塞传播途径，保护易感人群，做好传染病患者的隔离与治疗。免费下发了大量防治传染病药品，并发动群众采集中草药进行中西医结合治疗。

从地震发生到 1977 年上半年，国家免费调拨了大量防治传染病的药品，免费治疗传染病患者。调拨给河北省原料药 11 种，主要有硫酸庆大霉素 680 亿单位、氯霉素 7 吨、红霉素 1.2 吨、硫酸二甲基嘧啶 68 吨、磺胺脒 34 吨、红汞 2 吨、甲酚皂 40 吨、维生素 C 口服葡萄糖 7.5 吨、阿斯匹林 9 吨、氨基比林 18 吨、非那昔酊 3 吨。

7.3.1.7 大力改善环境卫生

震后一年多的时间内，唐山市区多次开展各种形式的爱国卫生运动，清除垃圾 70 万吨，疏通排水管道 3700 处，修建简易、半简易厕所 2600 多个，清除蚊蝇滋生地3000多处，整顿大小街道数百条。

在农村宣传防疫灭病知识，传授防疫灭病技术，恢复与保护饮用水水源，修复厕所且实施粪便统管，鼓励科学积肥，养成讲卫生、爱清洁的习惯。唐山地区共出动农民340多万人次，清运垃圾400多万吨，疏通排水沟（渠）20多万米。较大幅度地改善了农村的卫生面貌，也为防疫灭病创造了良好的卫生环境。

由于采取上述有效措施，在较短的时间内抑制住了疫情的蔓延，震后一个月左右城乡的患病率降低到3-5%，两个月后恢复到常年水平。地震灾区没有其他传染病流行。

7.3.2 汶川震后卫生防疫措施

2003年SARS事件后，从国家、军队到地方公共卫生应急救援体系和网络已日益完善，具备了雄厚的技术力量和较先进的装备设施。汶川震后卫生防疫措施得当，再一次实现了“大灾之后无大疫”。

7.3.2.1 防疫力量的组织管理

从全国32个省（区、市）和军队调派了10630名医疗防疫专业人员，调集救护、防疫和监督车辆1648台，消杀药品2869吨，疫苗214.7万人份，食品和水质快速检测设备3.3万台（套）。

图7-10 运抵灾区的防疫消毒器材

对受灾严重县实行分片包干、分人到户的方法，分区域或分专项开展防疫工作。组织制定了《抗震救灾卫生防疫工作方案》《鼠疫等 3 种传染病疫情应急处理预案》等工作预案和方案。

图 7–11　震后大批防疫人员进入灾区

7.3.2.2 恢复疫情监测网络

震后 5 天，疾控人员将 400 部手机分发到重灾区各个受灾点，疾控网络恢复信息畅通。开展居民安置点的疾病零报告制度，在较大的灾民安置点实行症候群监测。

7.3.2.3 饮用水质检验、消毒

灾后开展水源污染的排查工作，对饮用水进行应急监测并及时评价水质情况，定期投放消毒药物。

图 7–12　联合国儿童基金会援助的净水设备

7.3.2.4 处理遇难者遗体

对遇难者尸体先进行消毒处理，辨认取证、装入收容装具，对来不及火葬的遗体采用深埋处理。共处理遇难人员遗体6.86万具，无害化处理率达到98%以上。

图7-13 防疫人员对遇难者遗体进行消毒处理

7.3.2.5 迅速开展消杀工作

从消除蚊蝇、老鼠等中间宿主和其滋生条件，改善生存环境和生活条件入手，对厕所、废墟、垃圾堆放点等环境喷雾消毒，并开展消毒效果主动监测和鼠密度、蚊蝇密度主动监测。

图7-14 防疫队使用专用消杀车在灾区喷洒消毒

7.3.2.6 免疫接种

震后一个月，采取不同的接种方式进行了甲肝疫苗群体接种，11 月灾区开展流感疫苗接种。

7.3.2.7 改善环境卫生

彻底清理生产、生活环境，处理蚊蝇、鼠滋生处。为控制黑热病和狂犬病发生，开展了杀灭野犬工作。

四川省卫生厅对灾后近 3 个月传染病疫情阶段性分析显示：重灾区法定传染病报告总数比近 3 年同期减少 42.91%，报告病例无聚集性，未发生与地震相关的传染病爆发流行和突发公共卫生事件。

表 7–7　唐山和汶川震后卫生防疫措施对比表

类　目	唐山地震	汶川地震
卫生防疫人员和物资	调集 1200 名防疫人员和 5 万台（套）防疫设备，近 1400 吨消杀药品，1500 万人份的疫苗	调派消杀药品 2869 吨，疫苗 214.7 万人份，食品和水质快速检测设备 3.3 万台（套）
组织管理措施	震后第 5 天召开防疫灭病紧急会议，次日成立防疫领导小组，制定《防疫工作计划》	制定防疫工作预案和方案，建立防疫协作机制，建立灾区疫情监控系统
饮用水质检验、消毒	对水源进行了水质检测，立即保护水源和对饮水消毒	开展水源污染排查工作，应急监测饮用水，及时评价水质情况，定期投放消毒药物
遇难者遗体处理	挖出埋葬在距离水源、供水管线、灾民安置点附近的遗体，深埋在市区以外	对遗体采用无害化处理。对不规范的已掩埋尸体进行重新消毒，并加土深埋
环境消杀灭	飞机喷洒有机磷杀虫药物。利用喷洒车、各种喷雾器共喷洒杀虫药物	对居民安置点厕所、废墟、垃圾堆放点等喷雾消毒。大量发放消毒用品，特别是杀虫剂
疫苗接种	调集大量伤寒菌苗、霍乱菌苗、乙脑疫苗、流感疫苗、流脑菌苗在重灾区进行预防接种	适龄儿童和重点人群应急接种甲肝、乙脑疫苗，入冬后开展流感疫苗接种

（续表）

类　目	唐山地震	汶川地震
疫病监测与治疗	免费下发了大量防治传染病药品，发动群众采集了中草药进行中西医结合治疗	开展居民安置点的疾病零报告制度，在较大的灾民安置点实行症候群监测
改善环境卫生	清理废墟和粪便垃圾污物、恢复卫生设施，连续开展改善环境卫生大会战	彻底清理生产生活环境，处理蚊蝇、鼠滋生处，对无主的流浪犬（猫）进行捕杀处理

7.3.3 实现“大灾之后无大疫”的成功经验

唐山地震与汶川地震造成的人员伤亡与经济损失是我国历史上罕见的，两次大地震均实现了“大灾之后无大疫”，卫生防疫无疑都取得了巨大的成功。比较相隔近32年的两次地震震后卫生防疫工作，相同的成功因素很多：

（1）迅速建立了应急卫生防疫组织体系，大力开展环境卫生、食品卫生、流行病学防治等综合性的防疫对策；

（2）尽快查明可供饮用的给水之源，同时采取各种卫生供水措施，保证饮水的卫生安全；

（3）对遇难者遗体的卫生清理，避免了对地下水和局部土壤造成污染；

（4）迅速开展环境消杀灭工作，控制了蚊蝇的滋生，降低了中毒与传染病传播的可能；

（5）及时做好灾民预防接种工作，有效地控制了传染病的发生与流行。

7.4 汶川地震卫生防疫的问题

唐山地震发生在“文革”末期，灾区卫生防疫采用近乎军事化的方式，与汶川地震时相比，当时的应急防疫体系、卫生科技手段均在较低的水平。这里只探讨汶川地震防疫工作中存在的问题。

7.4.1 应急防疫组织协调不够顺畅

灾情发生后全国各地医疗队迅速奔赴灾区，但组织指挥管理分散，缺乏明确统一的组织管理体系和有效的信息沟通。

7.4.2 缺乏应急防疫标准和技术保障措施

灾前缺乏应急防疫标准和措施，灾后仓促出台防病预案和各种技术方案，但大多缺乏针对性和可操作性，造成部分灾区防疫过度和使用难降解消毒药剂等问题，不仅污染环境，而且对人身健康和其他生物造成伤害。

7.4.3 防疫物资储备不足与配送混乱

灾后调拨、捐赠、配发的各种渠道来源的物资品种繁多，针对性不强。如大量广谱抗生素被发放到灾民手中，一些消毒药剂无说明书和生产日期。

7.4.4 缺少应急卫生检测试验装备

灾区实验室受到破坏，又没有现代化的移动实验室装备，致使灾后短期内水质、食品和有毒物的检测无法全面开展。

7.5 完善灾害卫生防疫的对策

(1) 整合各方资源，建立国家、军队和地方相结合的应急卫生防疫体系，建立专业化的卫生防疫救援力量，平时加强培训和演练，灾时统一指挥、分工协作；

(2) 完善卫生防疫应急预案和灾区卫生防疫标准，建立灾后卫生防疫快速评估方法；

(3) 建设卫生防疫信息网络，实现国家、军队和地方联网，为应急防疫指挥提供信息化支撑；

(4) 规划应急防疫物资储备，保障灾后精确投放防疫物资；

(5) 研制和开发整套的卫生防疫应急装备，实现应急卫生防疫装备现代化；

(6) 普及卫生防疫知识和培训地方防疫队伍，提高灾后卫生防疫的群防群控能力。

参考文献

[1] 苏幼坡. 城市避难疏散与避难疏散场所 [M]. 北京：中国科学技术出版社，2006.

[2] 苏幼坡，王兴国. 城镇防灾避难场所规划设计 [M]. 北京：中国建筑工业出版社，2012.

[3] 于山，苏幼坡，刘天适，等. 唐山大地震震后救援与恢复重建 [M]. 北京：中国科学技术出版社，2003.

[4] 河北省地震工程研究中心，北京工业大学抗震减灾研究所. 防灾避难场所设计规范 (报批稿)，2012.

[5] 马东辉，郭小东，王志涛. 城市抗震防灾规划标准实施指南 [M]. 北京：中国建筑工业出版社，2008.

[6] 周云，李伍平，浣石，等. 防灾减灾工程学 [M]. 北京：中国建筑工业出版社，2007.

[7] 初建宇，苏幼坡. 城市地震避难疏散场所的规划原则与要求 [J]. 世界地震工程，2006，22 (4)：80-83.

[8] 初建宇，苏幼坡，刘瑞兴. 城市防灾公园"平灾结合"的规划设计理念 [J]. 世界地震工程，2008，24 (1)：99-102.

[9] 初建宇，苏幼坡. 构建工程建设综合防灾标准体系的探讨 [J]. 自然灾害学报，2009，18 (3)：171-173.

[10] 初建宇，苏幼坡. 构建我国综合防灾法律体系的探讨 [J]. 防灾科技学院学报，2009，11 (1)：122-124.

[11] 初建宇，苏幼坡. 村镇应急避难场所规划技术指标的探讨 [J]. 自然灾害学报，2012，21 (5)：23-27.

[12] 初建宇，陈灵利. 村镇地震次生火灾危险性分析初探 [C]. 第一届全国村镇绿色建筑与综合防灾技术研讨会论文集，2013：173-177.

[13] Chu Jianyu, Ma Danxiang. Study on hierarchical indices of emergency facilities in resident

emergency congregate shelter [J]. Advanced Materials Research, 2013, 671-674: 2492-2495.

[14] 苏幼坡, 初建宇, 刘瑞兴. 城市地震避难道路的安全保障 [J]. 河北理工大学学报 (社会科学版), 2005, 5 (4): 191-193.

[15] 苏春生, 苏幼坡, 初建宇, 等. 城市园林的抗震减灾功能 [J]. 世界地震工程, 2005, 21 (1): 37-41.

[16] 王丽芸, 初建宇. 汶川地震与唐山地震卫生防疫比较研究 [J]. 现代预防医学, 2011, 38 (21): 4469-4471.

[17] 许琳琳, 初建宇, 苏幼坡. 城镇防灾避难场所的管理要求 [J]. 河北联合大学学报 (自然科学版), 2012, 34 (3): 152-154.

[18] Ma Danxiang, Jia Bin, Chu Jianyu, et. al. Study on Evaluation of Earthquake Evacuation Capacity in Village Based on Multi - level Grey Evaluation [C]. 2011 International Conference on Risk and Engineering Management, 2011: 523-527.

[19] GB21734-2008. 地震应急避难场所 场址及配套设施 [S].

[20] GB50413-2007. 城市抗震防灾规划标准 [S].

[21] GB50188-2007. 镇规划标准 [S].

[22] GB50181-93. 蓄滞洪区建筑工程技术规范 [S].

[23] 河北省地震局. 一九六六年邢台地震 [M]. 北京: 地震出版社, 1986.

[24] 河北省地震局. 唐山抗震救灾决策纪实 [M]. 北京: 地震出版社, 2000.

[25] 民政部救灾司. 减灾救灾30年 [J]. 中国减灾, 2008 (12): 4-27.

[26] 国家减灾委员会科学技术部抗震救灾专家组. 汶川地震灾害综合分析与评估 [M]. 北京: 科学出版社, 2008.

[27] 郭积杰, 郭晓明, 王宝刚. 四川震灾地区乡镇防灾减灾规划建设调查报告 [J]. 小城镇建设, 2009 (8): 71-73.

[28] 马旦珠. 青海玉树地震救灾工作的回顾与思考 [J]. 中国减灾, 2011 (9): 46-47.

[29] 王东明, 黄宝森, 李永佳, 等. 应急避难场所的规划建设——基于玉树地震调查数据的研究 [J]. 自然灾害学报, 2012, 21 (1): 66-70.

[30] 国际减灾中心灾害信息部. 汶川大地震与唐山大地震的对比 [J]. 中国减灾, 2008 (7): 46-47.

[31] 河北省城乡规划设计研究院. 迁安市城市总体规划 (2008-2020) [R]. 2008.

[32] 河北省地震工程研究中心, 迁安市园林绿化管理局. 迁安市城市绿地系统防灾避险规划 (2009-2020) [R]. 2009.

[33] 张雁灵. 汶川特大地震医学救援行动及战略思考 [J]. 解放军医学杂志, 2009, 34 (1): 1-6.

[34] 曹佳. 汶川、唐山大地震卫生防疫工作特点及今后的改进措施 [J]. 第三军医大学学报, 2009, 31 (1): 28-30.

[35] 蒋蓉, 邱建, 陈俞臻. 城乡统筹背景下的县域应急避难场所体系构建——以成都市大邑县为例 [J]. 规划师, 2011, 27 (10): 61-65.

[36] 周天颖, 简甫任. 紧急避难疏散场所区位决策支持系统建立之研究 [J]. 水土保持研究, 2001, 8 (1): 17-24.

[37] 城市緑化技術開発機構. 防災公園計画・設計ガィドラィン [M]. 東京: 大藏生印刷局, 1999.

[38] 都市绿化技術開発機構, 公園緑地防災技術共同研究会. 防災公園技術ハンドブック [M]. 东京: 株式会社ェポ, 2000.

[39] FEMA. Design and Construction Guidance for Community Safe Rooms [M], FEMA 361 (Second Edition), 2008.

[40] 赵思健, 任爱珠, 熊利亚. 城市地震次生火灾研究综述 [J]. 自然灾害学报, 2006, 15 (2): 57-67.

[41] 钟江荣. 城市地震次生火灾研究 [D]. 哈尔滨: 中国地震局工程力学研究所, 2010.

[42] 邓京京, 史毅, 刘栋栋, 等. 村镇防火安全现状调查与分析 [J]. 消防科学与技术, 2011, 30 (4): 347-350.

[43] 钮英建, 杨玲. 北京地区村镇建筑防火现状调查与分析 [J]. 中国安全生产科学技术, 2011, 7 (10): 138-142.

[44] 刘思峰, 郭天榜, 党耀国. 灰色系统理论及其应用 [M]. 北京: 科学出版社, 1999.

[45] 李大建, 王凤山. 地空导弹总体性能多层次灰色评价 [J]. 中国管理科学, 2004, 12 (5): 107-110.

[46] 铁永波, 唐川. 城市灾害应急能力评价指标建构 [J]. 城市问题, 2005, (6): 76-79.

[47] 王瑛. 中国农村地震灾害脆弱性研究 [M]. 北京: 科学出版社, 2012.